主轴系统－刀具－工件交互效应下的铣削稳定性分析与实验研究

籍永建　王西彬　刘志兵◎著

MILLING STABILITY ANALYSIS AND EXPERIMENTAL

RESEARCH BY CONSIDERING THE INTERACTIONS

BETWEEN SPINDLE SYSTEM, TOOL AND WORKPIECE

U0234714

北京理工大学出版社
BEIJING INSTITUTE OF TECHNOLOGY PRESS

内 容 简 介

铣削稳定性是保证工件加工质量与发挥机床性能的关键。铣削失稳的典型形式为颤振，颤振会降低工件表面质量、危害加工设备，是金属切削领域挑战性课题之一。主轴系统－刀具－工件之间的交互效应对五轴铣削稳定性具有重要影响，揭示多重交互效应对铣削状态的作用机制是实现加工稳定性控制的关键。本书针对复杂构件五轴铣削稳定性控制问题，以主轴系统－刀具－工件交互效应为切入点，以五轴铣削稳定性分析、预测为着力点，采用理论建模与实验验证相结合的方式，结合力学、机械等学科知识，提出了基于三阶埃尔米特与三阶牛顿插值的铣削稳定性叶瓣图求解方法，构建了包含主轴系统－刀具－工件交互效应的五轴铣削动力学模型；阐明了多重交互效应对铣削稳定性的影响机理，并以微型发动机加工为例，详述了研究成果在实际生产中的应用，可为实现高效、稳定的铣削加工提供有益指导。

本书可作为机械设计制造及其自动化等专业高年级本科生、研究生的参考书，也可作为金属切削、机械制造等领域相关科研工作人员和工程技术人员的参考书。

图书在版编目（CIP）数据

主轴系统–刀具–工件交互效应下的铣削稳定性分析与实验研究 / 籍永建，王西彬，刘志兵著. --北京：北京理工大学出版社，2021.7

ISBN 978-7-5763-0083-3

Ⅰ. ①主… Ⅱ. ①籍…②王…③刘… Ⅲ. ①数控机床–主轴系统–铣削–稳定性–研究 Ⅳ. ①TG547

中国版本图书馆 CIP 数据核字（2021）第 144667 号

出版发行 / 北京理工大学出版社有限责任公司
社　　址 / 北京市海淀区中关村南大街 5 号
邮　　编 / 100081
电　　话 / （010）68914775（总编室）
　　　　　（010）82562903（教材售后服务热线）
　　　　　（010）68944723（其他图书服务热线）
网　　址 / http://www.bitpress.com.cn
经　　销 / 全国各地新华书店
印　　刷 / 三河市华骏印务包装有限公司
开　　本 / 710 毫米×1000 毫米　1/16
印　　张 / 13.75
字　　数 / 210 千字
版　　次 / 2021 年 7 月第 1 版　2021 年 7 月第 1 次印刷
定　　价 / 78.00 元

责任编辑 / 孟祥雪
文案编辑 / 孟祥雪
责任校对 / 周瑞红
责任印制 / 李志强

前　言

　　铣削加工广泛应用于航空、航天、船舶、汽车等领域复杂零件的制造中，保证其加工稳定性是获取高精度复杂曲面零件的关键。随着多轴侧铣、多轴球头铣削在复杂结构件精密加工、高性能精密制造等领域的广泛应用，对其加工稳定性的要求日益提高。铣削稳定性受到主轴系统－刀具－工件交互效应的影响，该交互效应既包括刀具与工件直接接触所产生的再生效应、刀具结构模态耦合与过程阻尼，也包括主轴系统动态特性变化对刀尖频率响应的影响。铣削失稳的典型形式为颤振，颤振会导致工件表面出现振纹、加速刀具磨损、降低工件表面质量与加工精度，是金属切削领域的挑战性课题之一。

　　由于铣刀具有较大的长径比、装夹后悬伸量较大、工艺系统振动形式复杂，因此铣削过程极易产生颤振，颤振机理和机床动力学模型上的局限仍然是颤振控制研究亟待突破的首要难题。多轴铣削的动态特性复杂多变，尤其是在高速铣削过程中，主轴系统－刀具－工件之间的交互效应对铣削稳定性的影响更加明显，迫切需要对多种交互效应下铣削稳定性的演变规律开展深入研究。

本书针对多轴侧铣（立铣刀）与多轴球头铣削（球头铣刀）的颤振稳定性问题，采用理论建模与实验验证相结合的方式，构建了包含主轴系统－刀具－工件交互效应的多轴铣削动力学模型，开展了一系列理论分析与实验研究，并以微型发动机零件加工为例，详述了研究成果在实际生产中的应用，旨在揭示主轴系统－刀具－工件交互效应对铣削稳定性的影响机理，阐明多种交互效应下铣削稳定性的动态演变规律，为实现高效、稳定的铣削加工提供有益指导。

本书共 8 章，可分为 5 部分内容。

第一部分，即第 1 章，详述了铣削稳定性分析的研究现状与发展趋势。

第二部分，即第 2 章，详述了铣削稳定性叶瓣图的求解方法，给出了用不同阶数插值多项式逼近铣削动力学方程状态项、时滞项与周期系数项的推导过程，研究了不同插值方法对稳定性叶瓣图收敛速度与计算精度的影响，提出了新的稳定性叶瓣图求解方法，为研究主轴系统－刀具－工件交互效应对铣削稳定性的影响奠定了可靠基础。

第三部分，包括第 3、4、5、6 章，研究了主轴系统－刀具－工件交互效应对三轴、五轴铣削稳定性的影响。在第 3 章中，推导了包含刀具－工件交互效应的三轴侧铣、三轴球头铣削动力学模型。在此基础上，第 4 章研究了刀具－工件多重交互效应对三轴侧铣、三轴球头铣削稳定性的影响规律，构建了包含刀具－工件交互效应的铣削稳定性叶瓣图，并进行了实验验证。第 5 章推导了五轴侧铣与五轴球头铣削的动力学模型。第 6 章研究了主轴系统－刀具－工件交互效应对五轴侧铣与五轴球头铣削稳定性的影响，揭示了多种交互效应下主轴转速、切削深度、刀轴姿态等对五轴侧铣、五轴球头铣削稳定性的影响规律。

第四部分，即第 7 章，构建了主轴系统动力学模型，研究了高速铣削状态下主轴系统－刀具－工件交互效应对三轴、五轴铣削稳定性的影响。本部分建立了主轴转速与刀尖固有频率之间的映射关系，提出了考虑速度效应（陀螺效应、离心力、轴承刚度软化）与刀具－工件交互效应的三轴、五轴铣削动力学模型，对高速铣削条件下主轴系统－刀具－工件之间的交互机理进行了深入研究，揭示了高速切削状态下三轴、五轴铣削稳定性的动态演变规律。

　　第五部分，即第 8 章，为本书研究成果的实际应用，本部分以微型发动机零件的加工为例，详述了稳定加工参数选取方法，实验结果表明研究成果在预防铣削颤振方面具有一定的现实意义。

　　本书的课题研究得到了国家自然科学基金面上项目、国家安全重大基础研究计划等重点项目的支持。感谢闫正虎博士在本书第 2 章算法推导过程中给予的帮助；感谢冯伟博士在主轴系统动力学建模方面提供的建议与帮助；感谢北京理工大学动力系统工程研究所的张帅博士在微型发动机加工过程中提供的实物、模型与建议；感谢课题组博士生王东前、王永、刘书尧，硕士生王康佳、陈掣、黄涛、潘金秋、陈晖、刘洋，本科生宋江源等在本书修改校正过程中给予的大力支持与帮助。

　　借此机会，笔者对给予支持的单位与个人表示衷心感谢。

　　由于作者水平有限，书中难免存在疏漏之处，敬请广大同人与读者批评指正。

著　者

书中主要符号含义

符号	含 义	单位
n_s	主轴转速	r/min
T	刀齿通过周期	s
n	一个切削周期内的离散段数	
Δt	一个切削周期内的离散步长	s
l	铣刀轴向分层数	
N	刀齿数	
v_f	进给速度	mm/min
f_z	每齿进给量	mm/z
a_p	轴向切深	mm
a_e	径向切深	mm
ω	刀尖固有频率	Hz
m_x，m_y	分别为立铣刀 x 与 y 方向的模态质量	kg
m_{xy}，m_{yx}	分别为立铣刀交叉项的模态质量	kg
c_x，c_y	分别为立铣刀 x 与 y 方向的模态阻尼	Ns/m
c_{xy}，c_{yx}	分别为立铣刀交叉项的模态阻尼	Ns/m
k_x，k_y	分别为立铣刀 x 与 y 方向的模态刚度	N/m
k_{xy}，k_{yx}	分别为立铣刀交叉项的模态刚度	N/m
ϕ_j	立铣刀第 j 个刀齿的角位置	（°）
$m_{b,x}$，$m_{b,y}$	分别为球头铣刀 x 与 y 方向的模态质量	kg
$m_{b,xy}$，$m_{b,yx}$	分别为球头铣刀交叉项的模态质量	kg
$c_{b,x}$，$c_{b,y}$	分别为球头铣刀 x 与 y 方向的模态阻尼	Ns/m

续表

符号	含　义	单位
$c_{b,xy}$, $c_{b,yx}$	分别为球头铣刀交叉项的模态阻尼	Ns/m
$k_{b,x}$, $k_{b,y}$	分别为球头铣刀 x 与 y 方向的模态刚度	N/m
$k_{b,xy}$, $k_{b,yx}$	分别为球头铣刀交叉项的模态刚度	N/m
λ	球头铣刀球头部分轴向浸入角	（°）
$\phi_{b,j}$	球头铣刀第 j 个刀齿的角位置	（°）
R	球头铣刀球头部分半径	mm
$r_b(z)$	球头铣刀球头部分局部半径	mm
$\psi(z)$	球头铣刀径向滞后角	（°）
β, β_i	分别为螺旋角与第 i 层轴向单元的局部螺旋角	（°）
ζ	阻尼比	
γ_l, α_t	分别为前倾角与侧倾角	（°）
μ	库伦摩擦系数	
K_{tc}, K_{rc}, K_{ac}	分别为切向、径向与轴向切削力系数	N/mm²
E_k	动能	kg · m²/s²
D	铣刀直径	mm
D_b	轴承滚动体直径	mm
D_m	滚动体节圆直径	mm
Ω	转子旋转角速度	rad/s
Ω_B	滚动体自转角速度	rad/s
Ω_E	滚动体公转角速度	rad/s
K_{sp}	压痕力系数	N/mm³
I	单位矩阵	
$O_F - FCN$	进给坐标系	
$O_T - X_T Y_T Z_T$	刀具坐标系	

续表

符号	含　义	单位
$O_w - X_w Y_w Z_w$	工件坐标系	
$O_M - X_M Y_M Z_M$	模态坐标系	
T_{T-to-F}	从刀具坐标系到进给坐标系的转换矩阵	
T_{F-to-W}	从进给坐标系到工件坐标系的转换矩阵	
T	球头铣刀微分单元切削力转换矩阵	
T_{M-to-F}	模态坐标系到进给坐标系的转换矩阵	
$T_{Ta-to-W}$	从工作台到工件坐标系的转换矩阵	
T_{T-to-M}	从刀具坐标系到模态坐标系的转换矩阵	

目　录

第 **1** 章
绪 论

1.1 研究背景与意义

随着多轴侧铣、多轴球头铣削在复杂结构件精密加工、高性能精密制造[1,2]与智能制造领域的广泛应用，对其加工稳定性的要求日益提高。铣削稳定性受到机床与工艺交互效应（Process Machine Interactions，PMI）[3]的影响。学术界对机床与工艺交互效应的认知和界定来源于机床装备加工性能受限、刀具寿命缩短、零件加工表面质量低于预期值，而又不能通过常规的理论和效应加以解释[4]。机床（装备）工艺动态交互机理与控制是高端制造装备关键技术的科学问题之一[5]。

作为数控机床的核心部件，主轴系统的动态特性对机床加工性能具有重要影响，主轴系统–刀具–工件之间的交互效应是影响铣削稳定性最直接的因素，该交互效应既包含刀具与工件直接接触所产生的再生效应、刀具结构模态耦合与过程阻尼，也包含主轴系统动态特性变化对刀尖频率响应的影响。铣削失稳的典型形式为颤振[6]，颤振是一种自激振动，会导致工件表面出现振纹、加速刀具磨损、降低工件表面质量与加工精度[7]，由于对颤振（自激振动）机理的揭示与控制比对受迫振动的研究更加复杂困难，因此长期以来，颤振一直是金属切削领域的挑战性课题之一[8~11]。

由于铣刀具有较大的长径比、装夹后悬伸量较大、工艺系统振动形式复杂，因此铣削过程极易产生颤振。多轴铣削的动态特性复杂多变，尤其是在高速铣削过程中，主轴系统－刀具－工件之间的交互效应对铣削稳定性的影响更加明显，颤振机理和机床动力学模型上的局限仍然是颤振控制研究亟待突破的首要难题[6]，传统研究铣削稳定性的方法主要基于再生效应或过程阻尼研究切削参数对铣削稳定性的影响，在建立铣削动力学模型方面关注的因素比较单一，没有考虑主轴系统－刀具－工件交互效应的影响，预测的多轴加工稳定切削区域与实际加工状态之间存在一定误差，迫切需要对多种交互效应下铣削稳定性的演变规律开展深入研究。本书针对多轴侧铣与多轴球头铣削的颤振稳定性问题，采用理论建模与实验验证的方式，构建包含主轴系统－刀具－工件交互效应的多轴铣削动力学模型，研究主轴系统－刀具－工件交互效应对铣削稳定性的影响机理，建立主轴系统－刀具－工件交互效应与铣削稳定性的映射关系，研究成果可为推动我国制造业走向高端制造与智能制造提供一定的理论基础与技术支持。

1.2　国内外研究现状及发展趋势

1.2.1　主轴系统数字化建模研究现状

主轴系统是数控机床的核心部件，其动态特性的变化对铣削稳定性具有重要影响。对主轴系统早期的研究主要是采用简化的转子与轴承模型对主轴尺寸等参数进行简化[12,13]，属于静态或准静态分析[14]。主轴在高速运转时，其动态特性对切削稳定性具有重要影响，因此对主轴的动态特性进行研究具有重要的现实意义。Sharan 等[15]运用有限元与模态分析相结合的方法对主轴－工件系统在随机激励下的动态响应进行了研究，并给出了轴承刚度和跨距的优化选择方案。Sadeghipour 等[16]研究了阻尼对轴承与主轴系统的影响,结果表明在一定范围内,提高阻尼能够增加系统刚度,但是过高的阻尼会对主轴系统的动态特性产生不利影响。上述研究主要将传统机床主轴作为研究对象,没有考虑高速旋转状态下主轴转子与轴承动态特性的变化[14]。

主轴高速旋转过程中会产生离心力与陀螺力矩,从而改变主轴系统的动态特性。随着有限元方法的推广应用,高速主轴–轴承系统的理论建模有了突飞猛进的发展。在建立主轴系统有限元模型之前,首先要确定所采用梁单元的类型,基于不同的假设条件,最常用的梁单元模型有三种:欧拉–伯努利梁、瑞利梁与铁木辛柯梁。欧拉–伯努利梁理论假设主轴不受转动惯量与剪切变形的影响;瑞利梁理论假设主轴受转动惯量的影响,不计剪切变形的影响;铁木辛柯梁理论既考虑了转动惯量也考虑了主轴的剪切变形[17]。因此,铁木辛柯梁理论广泛应用于主轴系统的动力学建模中。Nelson 等[18,19]运用铁木辛柯梁理论建立了转子的有限元模型,通过该模型研究了回转惯性、陀螺力矩对转子系统固有频率的影响。Lin 等[20]建立了高速电主轴的有限元模型,该模型将热–力作用耦合到一起,对主轴高速旋转时产生的离心力与陀螺力矩进行了研究,结果表明高速状态下产生的离心力是造成主轴系统刚度下降的主要因素,然而,该模型采用经验模型[21]来评估轴承的刚度,因此无法准确反映轴承动态特性随主轴转速的变化规律[14]。Cao 与 Altintas[22]提出一种通用的建模方法对主轴系统进行建模,该模型基于 Jones 轴承模型[23],将轴承建立为包含滚动体离心力与陀螺力矩的标准非线性有限元模型。随后,Altintas 与 Cao[24]提出机床主轴虚拟设计与优化的概念,并考虑机床本体对主轴动态特性的影响,对铣削加工进行虚拟仿真,进一步提高了主轴模型的精度。基于不同动力学模型得到的主轴系统频响函数如图 1.1 所示[25]。Rantatalo 等[26]建立了铣削机床主轴系统的有限元模型,研究表明,作用在轴承滚动体上的离心力会导致轴承刚度发生变化,其对主轴系统动态特性的影响比转子陀螺力矩产生的影响更大。

为提高机床主轴系统有限元模型的精度,西安交通大学的 Cao 等[27]提出一种新的方法来优化现有的机床–主轴耦合模型系统,根据优化后的有限元模型,设计师能够在机床主轴系统的设计阶段对其动态特性进行有效预测。随后,Niu 等[28]建立了考虑滚道局部表面缺陷的高速滚珠轴承动

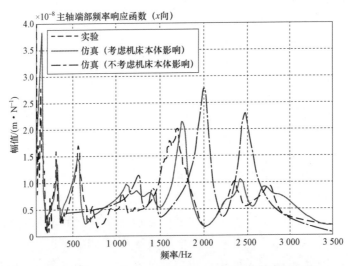

图 1.1　基于不同动力学模型得到的主轴系统频响函数[25]

力学模型，在该模型中，轴承内滚道、外滚道与滚动体均包含 6 个自由度，实验结果表明该模型能够有效预测含有缺陷的高速滚动球轴承的振动响应。四川大学的胡腾等[29,30]建立了一种综合考虑主轴离心力与陀螺力矩效应的"主轴−轴承"系统动力学模型，基于该模型研究了主轴离心力、主轴陀螺力矩及滚动轴承运行刚度对"主轴−轴承"系统在高转速状态下动力学特性的影响规律，研究表明，当轴承处于超轻预紧工况时，主轴的速度效应比轴承刚度软化对"主轴−轴承"系统动力学特性的影响更大，尤以主轴陀螺效应的影响最为突出。Xi 与 Cao 等[31]建立了由角接触球轴承与浮动位移轴承构成的主轴−轴承系统耦合动力学模型（图 1.2），该模型基于铁木辛柯梁理论，建立包含离心力与陀螺效应的主轴单元有限元模型，通过轴承传递到主轴上的恢复力以及轴承内圈与轴承安装位置相应节点的动态振动响应建立轴承模型与主轴有限元模型之间的耦合约束。河南工业大学的 Feng 与 Liu 等[32]采用有限元方法建立了轴承系统的热力耦合模型，并与主轴系统集成，用建立的集成模型对主轴结构与磨削过程的交互作用进行了研究。

　　主轴动态特性对铣削颤振影响的研究主要集中在主轴速度变化上[33]，主轴系统数字化建模的发展为研究主轴系统−刀具−工件交互效应对铣削颤振稳定性的影响提供了理论基础。

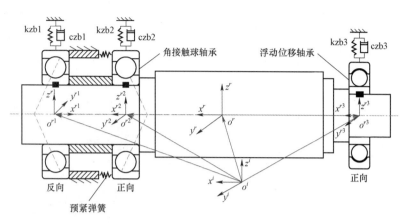

图 1.2 由角接触球轴承与浮动位移轴承构成的主轴−轴承系统耦合动力学模型[31]

1.2.2 稳定性叶瓣图求解方法研究现状

颤振是一种典型的自激振动，会导致工件表面产生振纹，降低工件表面质量，加速刀具磨损，严重时甚至会降低机床使用寿命。由时滞效应[34]引起的再生颤振是加工过程中最常见的自激振动[35]。切削参数对机床加工性能具有较大影响，选取合理的切削参数能够有效避免颤振发生。稳定性叶瓣图是选取切削参数的重要依据，在不改变机床结构、刀柄和刀具特性的前提下，通过构建铣削稳定性叶瓣图可以有效避免切削颤振问题[7]。典型的稳定性叶瓣图如图 1.3 所示，其中横坐标为主轴转速，纵坐标为轴向切深，图中曲线为极限切深，在极限切深的上方对应着颤振区域，极限切深的下方为稳定切削区域，铣削过程中可选取稳定切削区域对应的参数对工件进行加工。

为获得稳定性叶瓣图，Altintas 与 Budak[37]提出了经典的零阶近似法（ZOA），其主要思想是采用傅里叶级数近似动态切削力系数，该方法适用于多齿铣刀和径向切深较大的加工过程。然而，零阶近似法（ZOA）计算精度不够高，尤其在径向切深较小的条件下，用该方法得到的稳定性叶瓣图与实际加工状态存在较大误差[38]，为解决该问题，Merdol 与 Altintas[39]在零阶近似法的基础上提出了多频率方法。其他类型的多频率方法也被 Gradisek 与 Zatarain 等[40,41]相继提出。Bayly 等[42]提出了一种时域有限元分析方法来预测切削过程中任意时刻的稳定性，但该方法只适用于单自由度切削系统的稳定性预测。

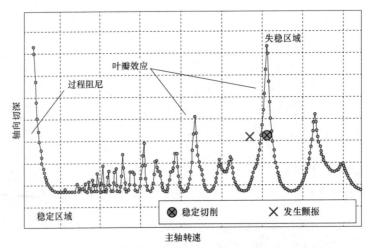

图 1.3　典型的稳定性叶瓣图[36]

考虑再生效应[36,43]的铣削动力学模型可以表示为时滞微分方程[44]。为计算稳定性叶瓣图，Insperger 与 Stepan 等陆续提出了零阶半离散法（0thSDM）[45]与一阶半离散法（1thSDM）[46]，这两种方法分别用零阶与一阶分段函数来逼近铣削时滞微分方程的时滞项。数值计算结果表明一阶半离散法（1thSDM）比零阶半离散法（0thSDM）具有更快的收敛速度，虽然半离散法广泛应用于铣削稳定性的预测中，但是此类方法需要消耗较长的计算时间。

上海交通大学的 Ding 等[47]提出一种基于直接积分的一阶全离散法（1stFDM）来获得稳定性叶瓣图，该方法的主要思想是用线性插值同时逼近铣削时滞微分方程所涉及的状态项、时滞项与周期系数项。与零阶半离散法相比，一阶全离散法具有更高的计算效率与更快的收敛速度。针对一阶全离散法与半离散法，Insperger[48]进行了对比分析，结果表明与半离散法相比，一阶全离散法计算效率较高，但是因为一阶全离散法的收敛阶低于一阶半离散法，所以与一阶半离散法相比，一阶全离散法的收敛速度相对较低。随后，Ding 等[49]提出了二阶全离散法（2ndFDM），该方法用一阶线性插值分别逼近时滞微分方程的时滞项与周期系数项，用二阶拉格朗日插值多项式逼近微分方程的状态项，研究表明二阶全离散法比一阶半离散法具有更快的收敛速度。

　　全离散法的思想提出后，国内外学者围绕如何提高铣削稳定性的预测精度开展了大量研究。大连理工大学的 Sun 等[50]提出一种改进的三阶全离散法，该方法用三阶牛顿插值多项式逼近铣削时滞微分方程的状态项，分别用线性插值逼近铣削时滞微分方程的周期系数项与时滞项，结果表明该方法的收敛速度优于一阶全离散法（1stFDM）[47]与二阶全离散法（2ndFDM）[49]。除此之外，Sun 等提出的三阶全离散法得到的稳定性叶瓣图能够更加快速地逼近理想叶瓣图，但是该方法需要较多的计算时间。

　　Ozoegwu[51]研究了采用一阶、二阶最小二乘法逼近时滞微分方程状态项时对收敛速度的影响，在采用一阶最小二乘法求解时滞微分方程时，Ozoegwu 分别用一阶最小二乘法逼近微分方程的状态项、时滞项与周期系数项；在用二阶最小二乘法求解微分方程时，Ozoegwu 用二阶最小二乘法逼近微分方程的状态项，用一阶最小二乘法分别逼近微分方程的时滞项与周期系数项；数值分析表明，一阶、二阶最小二乘法的收敛速度分别与一阶全离散法（1stFDM）[47]、二阶全离散法（2ndFDM）[49]的收敛速度相同，但是基于二阶最小二乘法获得稳定性叶瓣图的计算时间明显少于一阶全离散法（1stFDM）与二阶全离散法（2ndFDM）。随后，Ozoegwu 等[52]提出了超三阶全离散法，分别研究了用四阶最小二乘法、五阶最小二乘法逼近微分方程状态项（用一阶最小二乘法逼近微分方程的时滞项与周期系数项）时对收敛速度的影响，研究结果表明用四阶最小二乘法逼近状态项时能够获得最快的收敛速度。北京理工大学的闫正虎等[44]研究了用正交多项式逼近微分方程状态项时对收敛速度的影响。

　　以上关于稳定性叶瓣图计算的研究焦点主要集中在用不同阶数的插值方法对状态项进行插值逼近，忽略了用不同插值方法逼近时滞项对预测精度的影响。闫正虎等[53]提出一种改进的三阶牛顿法，该方法分别用三阶牛顿插值方法逼近时滞微分方程的状态项与时滞项。西北工业大学的 Liu 等[54]提出了用三阶埃尔米特插值多项式逼近微分方程的状态项、用二阶牛顿插值多项式逼近时滞项、用线性插值逼近周期系数项的三阶埃尔米特法，结果表明该方法比二阶全离散法（2ndFDM）[49]具有更快的收敛速度，与其他直接积分方法不同，当采用埃尔米特插值多项式逼近状态项时，实际上不同时间节点的响应值与导数值也参与到了计算中。对于更高阶埃尔米特插值方法对收敛速度的影响，Liu 等并没有进行进一步研究[54]。

1.2.3 铣削系统参数辨识研究现状

1. 切削力系数辨识

切削力由刀具与工件相互作用产生，同时也是影响刀具与工件之间相互作用的关键因素，对切削力的精确预测是准确分析铣削稳定性的前提条件。切削力系数是计算切削力的基础，准确辨识出切削力系数有助于更精确地预测切削过程的稳定性。切削力系数的辨识方法主要有两类：一类是通过建立正交切削数据库获得切削力系数；另一类是通过试切方法快速获得切削力系数[55]。在第一类方法中，Armarego 与 Deshpande[56]提出一种端铣刀铣削模型，通过将正交切削参数转换为斜切的方法获得切削力系数。Altintas 等[57]提出用剪切角、剪切强度、摩擦因子等正交切削参数来推导切削力模型，然后求解斜角铣削中切削力系数的方法。针对球头铣刀的切削力系数，Altintas 等[58]提出一种等效平均切削力系数模型。随后，Altintas 与 Engin[59]针对螺旋铣刀提出一种广义的动力学模型，并用正交数据库预测其切削力系数。然而，上述方法需要建立各种刀具的几何模型，此外，为建立正交切削数据库，必须进行大量的切削实验，致使过程比较烦琐。

相比于第一类方法，通过试切的方式能够快速获得切削力系数。Kline 等[60]首次用直接试切的方法建立了端铣刀的切削力模型，基于该模型，Kline 等[61]研究了刀具跳动对切削力系数的影响。研究结果表明，刀具跳动增加了实际参与切削刀齿的平均切削厚度，使最大切削力与平均切削力的比值增大。Azeem 等[62]提出一种简单快速的方法用以标定球头铣削的切削力系数，该方法可应用于不同的切削条件，但是刀轴必须垂直于工件表面。Turkes 等[63]研究了剪切角振荡对动态切削力系数的影响。Ozturk 等[64]提出一种槽铣辨识方法，用来辨识球头铣削的切削力系数，该方法假定切削系数与刀具/工件接触区域的切入角和切出角无关，因此不同刀具/工件接触区域的切削力系数是相同的。北京航空航天大学的刘强等[65]推导出R 刀切削力系数辨识公式，并通过实验验证了该方法的有效性。南京工程学院的 Wang 等[66]引入表面位置误差对端铣刀的切削力系数进行辨识。切削过程是一个复杂的非线性过程，沈阳航空航天大学的 Wang 等[55]基于平均切削力模型，研究了刀具几何参数、刀具与工件的材料特性对切削力系数的影响规律，结果表明切削力系数受刀具几何参数、刀具与工件材料特性的影响与加工参数无关。西北工业大学的 Zhang 等[67]研究了刀具跳动对端铣刀切削力系数的影响。清华大学的 Wang 等[68]以球头铣刀与牛鼻铣刀为对象，研究了不同多项式函数拟合方法对切削力系数的影响，研究结果表明，局部半径多项式函数涵盖了所有几何参数，因此更适合预测铣刀的切削力系数。上述方法主要围绕三轴加工展开，针对五轴球头铣削，上海交通大学的 Yao[69]与梁鑫光[70]提出基于小切深等效浸润角的切削力系数辨识方法，该方法考虑了刀具偏心的影响。Wang 等[71,72]与大连理工大学的 Guo 等[73]分别提出了考虑刀具跳动的五轴球头铣削力模型，并对切削力系数进行辨识。除此之外，专家学者对球头精铣[74]、外圆车削[75]等加工过程切削力系数的辨识也进行了相关研究。

2. 模态参数辨识

模态参数是分析铣削稳定性不可或缺的物理量，主要包括模态质量、固有频率、阻尼、模态刚度等。刀尖的模态参数是整个机床–主轴–刀具系统耦合作用下其动力学特性的集中体现，模态参数的精确程度直接影响到铣削稳定性的预测效果。因为机床系统具有复杂的非线性特征，难以精确建模，目前主要通过锤击实验获得刀尖模态参数。锤击法的操作流程如图 1.4 所示，将传感器安装在刀尖，用以采集刀尖的响应信号，力锤对刀尖进行敲击，产生激励信号，数据采集系统对激励信号与响应信号进行分析，最终得到刀尖模态参数。文献［76～79］均采用此方法获得刀尖模态参数。对于弱刚度零件，一般将主轴–刀具系统视为刚性系统，主要对零件的模态参数进行测试[80]。

目前实验法主要是通过接触式传感器采集响应信号，为避免接触式传感器对刀尖动态特性的影响，Michael 等[81]采用非接触式电容传感器拾取刀尖响应信号，研究了主轴转速对模态参数的影响，研究表明刀尖模态参数具有速度依赖性。西安交通大学的曹宏瑞等[82]以仿真刀具作为测量对象，用激光测振仪测量刀尖的动态响应。

此外，针对微细铣刀，通常采用实验法与导纳耦合方法[83,84]相结合的方式获得刀尖的模态参数。北京理工大学的闫正虎[85]与王东前等[86]分别结合锤击实验与导纳耦合获得微细铣刀刀尖的模态参数。

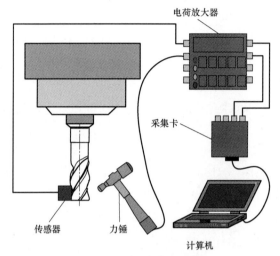

电荷放大器

采集卡

传感器　　力锤

计算机

图 1.4　模态参数辨别流程

1.2.4　三轴铣削稳定性分析研究现状

1. 三轴侧铣稳定性分析研究现状

初期，对铣削稳定性的研究主要聚焦于刀具－工件之间的交互作用，再生效应是由工件表面波动与刀具交互作用产生的，与前、后刀齿形成的工件表面相位差有关。对于三轴侧铣，Altintas 与 Budak[37]建立了经典的线性铣削动力学模型（图 1.5），并提出用零阶近似法（ZOA）求解铣削稳定性叶瓣图，该方法主要基于切屑厚度的再生效应、随时间变化的方向因素与机床结构之间的交互作用，通过拉普拉斯变换将铣削动力学方程转换到频域，然后得到稳定性叶瓣图。该团队研究发现，当螺旋角恒定时，其对铣削稳定性的影响可忽略不计[87]。

再生效应是引起铣削颤振的主要因素之一[36]。基于再生效应的铣削动力学模型提出以后，针对三轴铣削稳定性的研究层出不穷，大致可分为频域法[37,39,88]、时域法[44,45,47,53,89]与数值积分法[90~92]，上述研究在分析铣削稳定性的过程中没有考虑过程阻尼的影响。过程阻尼由工件与刀具后刀面接触区域的挤压变形引起[77,93~95]。Gurdal 等[96]指出，在低速切削时，过程阻尼是刀具－工件交互效应的重要表现形式，在难加工材料（如钛合金、镍

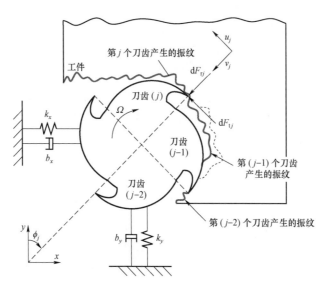

第 j 个刀齿产生的振纹

工件

刀齿 (j)

$\mathrm{d}F_{\mathrm{r}j}$

u_j

v_j

k_x

b_x

Ω

刀齿
($j-1$)

$\mathrm{d}F_{\mathrm{t}j}$

第 ($j-1$) 个刀齿
产生的振纹

刀齿
($j-2$)

b_y　k_y

y　ϕ_j

x

第 ($j-2$) 个刀齿产生的振纹

图 1.5　两自由度铣削动力学模型示意图[37]

合金）切削过程中，由于受限于刀具严重磨损等问题，刀具的切削速度一般较低，此时将过程阻尼融入铣削动力学模型中至关重要。早在 20 世纪 60 年代，Sisson 与 Kegg[97]已注意到低速切削过程中刀具后刀面与工件表面的阻尼效应，并发现（在一定范围内）切削刃磨损后可以提高加工稳定性。这一发现被 Peters[98]与 Tlusty 等[99]通过实验证实。后来，Tlusty 与 Ismail[100]建立了工件表面波动与过程阻尼之间的映射关系。为进一步研究过程阻尼，Wu[101]建立了压痕力模型，该模型根据作用在刀具/工件结合面上的耕犁力来描述过程阻尼引起的能量损失。基于 Wu 提出的压痕力模型，Ahmadi 与 Ismail[102,103]采用线性黏滞阻尼器替代过程阻尼系数，并对建立的模型进行验证。为了解释低速切削过程出现的极限环，Ahmadi[104]建立了非线性过程阻尼模型。Malekian 等[105]建立了考虑耕犁、弹性恢复、跳动等因素的微细铣削模型，基于该模型研究了不同因素对微细铣削力的影响规律。南京航空航天大学的李欣等[106]采用隐式龙格库塔法计算干涉产生的浸入面积与阻力，建立了考虑过程阻尼的非线性模型，并通过铣削实验验证了模型的有效性。西北工业大学的 Wan 与 Feng 等[107,108]运用工作模态分析法对薄壁件铣削过程中的过程阻尼产生机理与识别进行了研究。针对刀尖多模态参数的问题，华中科技大学的 Tang 等[78]研究了不同阶数的模态参数对铣削稳定性的影响规律，并提出了考虑多模态的铣削稳定性分析方法。针对模态参数的不确定性问题，Insperger 等[109]提出一种频域方法用来提高稳定性叶瓣图的可靠性。Michael 等[81]提出一种鲁棒稳定性分析方法，能够有效得到稳定性叶瓣图的置信区间。针对变几何参数刀具对铣削稳定性的影响，Ding 等[79]建立了变齿距变螺旋铣削动力学模型，研究了刀具跳动下变齿距变螺旋铣刀对铣削稳定性的影响，并绘制出考虑刀具跳动的变齿距变螺旋铣削稳定性叶瓣图。

上述研究主要以再生效应为基础模型，没有考虑刀具结构模态耦合的影响。刀具结构模态耦合是指对刀具进行激励时，在与激励方向垂直的方向也会产生响应[76]。Zhang 等[76]指出，在实际切削过程中，刀具结构模态耦合对铣削稳定性具有重要影响，并建立了综合考虑再生效应与刀具结构模态耦合的铣削动力学模型，研究了交叉项模态参数变化对稳定性叶瓣图的影响规律。Tang 等[78]研究了交叉频率响应函数幅值变化对铣削稳定性的影响规律，结果表明随着交叉频率响应函数幅值的增加，模态耦合对铣削稳定性的影响逐渐增大。为研究不同因素耦合作用对铣削稳定性的影响，大连理工大学的 Sun 等[93]基于再生颤振模型，将模态耦合与过程阻尼融入铣削动力学模型中，针对钛合金的铣削稳定性进行了研究。

高速铣削具有保持相对较低的切削力、在保证高加工精度的同时又能获得高材料去除率的优势，广泛应用于航空、航天等领域的复杂零件制造[110]。随着高速主轴的出现，高速、超高速铣削的应用日益广泛，主轴系统高速旋转引起的陀螺效应与离心力等对铣削稳定性的影响逐渐显现出来。在高速铣削稳定性分析方面，Ozturk 等[111]通过实验法研究了主轴转速对刀尖固有频率的影响，实验结果表明随着主轴转速的提高，刀尖固有频率呈现下降趋势，但是该研究并未指出造成此种现象的主要原因。基于Altintas 等[22]提出的有限元建模方法，西安交通大学的曹宏瑞等[112,113]建立了主轴－轴承系统有限元模型，对陀螺效应与离心力等速度效应对刀尖频率响应的影响进行了研究，并采用奈奎斯特稳定性判据得到了与速度效应相关的稳定性叶瓣图。国防科技大学的 Liu 等[114]采用有限元方法建立了考虑热－力耦合的电主轴系统，对高速铣削状态下热－力耦合作用对铣削稳定性的影响进行了研究，研究表明热－力耦合作用能够通过改变系统的动态特性来影响传递函数，从而降低铣削系统的稳定性。

针对铣削过程中的非线性问题，Balachandran 与 Zhao[115,116]提出一种非线性铣削动力学模型，该模型同时考虑了间歇切削[117,118]与多重再生效应等非线性问题，结果表明该非线性动力学模型能够准确预测小径向切深状态下的铣削稳定性。Castano 等[119]对微细加工过程中刀具与工件之间动态交互机理进行了研究，研究结果表明，为避免进给速率的影响，主轴–刀具–工件之间的动态交互作用可用刀具边缘与工件的接触距离来表示，当进给速率发生变化时，接触距离可以更好地反映主轴–刀具–工件之间的动态特性。北京理工大学的王西彬等[120,121]在非自由切削理论模型和最小能量原理的基础上，对切削过程的分叉与突变进行了研究，研究结果表明在分叉区间切屑流动状态的改变呈现出典型的尖点突变特征，突变的滞后性对切削力及切屑旋向有明显影响。

2. 三轴球头铣削稳定性分析研究现状

针对三轴球头铣削，Yucesan 与 Altintas[122]提出一种半机械模型，用以预测螺旋球头铣刀前刀面与后刀面的剪切力以及摩擦载荷的分布，该模型虽然能够准确预测切削力，但是需要进行大量铣削实验并且借助复杂的动力学模型。同年，借助于 Budak 与 Armarego 等提出的统一力学模型[57,123]，Lee 与 Altintas[124]建立了螺旋球头铣刀的力学模型，该模型将切削力分为刃口力与剪切力，将螺旋槽划分为倾斜切削刃。随后，专家学者对球头铣削的稳定性分析进行了深入研究。

Kim 等[125]建立了考虑切屑背切与侧切效应的动力学模型，用动态切削力来预测球头铣削的颤振区域。Ngo 等[126]建立了考虑进给速度与小轴向切深的变时滞球头铣削动力学模型，并与等时滞动力学模型进行了对比，研究结果表明，在变时滞模型中，（在一定范围内）随着每齿进给量的增大，铣削系统的稳定区域略微有增加；然而，在等时滞铣削系统中，每齿进给量的变化对铣削稳定性几乎没有影响。Dikshit 等[127,128]运用平均力模型辨识球头铣削的切削力系数，对高速球头铣削稳定问题进行了研究。哈尔滨理工大学的吴石等[129]研究了轴向铣削力与陀螺效应对球头铣削稳定性的影响，研究表明轴向铣削力的增大会降低刀杆的固有频率，陀螺效应只影响高主轴转速的稳定区域；该研究只针对刀具进行建模，未考虑主轴系统对刀具动态特性的影响。针对球头铣削过程中的多模态问题，清华大学的 Zhang 等[130]建立了考虑多模态的球头铣削模型，尽管该方法将多阶模态参数对铣削稳定性的影响都考虑在内，但是得到的稳定性叶瓣图与实际加工状态仍然存在一些误差。

1.2.5 五轴铣削稳定性分析研究现状

随着数控技术的发展，五轴机床在复杂结构件精密加工、高性能精密制造与智能制造领域的应用日益广泛，由于其具有灵活的自由度与较强的空间可达性，已成为加工各种高精度复杂结构件的关键装备。五轴铣削过程，因为刀轴倾角的变化，刀具－工件之间的接触区域不再恒定不变，会随着刀轴倾角与加工路径的变化发生改变；在建立五轴铣削动力学模型过程中，需要进行不同坐标系之间的转换。由于主轴系统－刀具－工件之间的交互效应，高速五轴铣削系统的动力学特性更加复杂，这些因素极大地增加了五轴铣削稳定性的分析难度。

1. 刀具/工件接触区域的确定

刀具/工件接触区域界定了刀具与工件的相互作用范围，对刀具/工件接触区域进行精确高效的求解是切削过程建模、铣削力计算、铣削稳定性分析的前提条件[131]。五轴铣削过程中，刀具/工件的接触区域具有时变性，往往呈现不规则几何形状，且在加工过程中不断变化，相对来讲比较复杂。目前对于刀具/工件接触区域的求解大致可分为三类：实体建模法、离散建模法与解析法。

在实体建模法方面，Boz 等[132]采用实体模型计算刀具与工件的结合面。Aras 与 Albedah[133]采用处于加工状态的工件模型来确定刀具/工件接触区域。西北工业大学的 Yang 等[134]提出一种基于 ACIS 实体修剪的方法来确定刀具/工件的接触区域。山东大学的 Song 等[135]提出一种基于实体－分析综合的方法来提取与刀具/工件接触区域相关的数据。实体建模法的主要问题在于计算效率较低，且仿真计算在微观尺度下进行，仿真过程中需要存储大量文件[131]。

在离散建模法方面，Aras 与 Feng[136]应用离散向量来表示工件表面，将刀具建模为旋转曲面，进而计算刀具/工件的接触面。上海工程技术大学的 Zhang[137]将几何模型与离散模型相结合，以此确定刀具/工件接触区域。大连理工大学的 Wei 等[138]采用改进的 Z－map 方法来确定刀具/工件的接触边界。虽然离散建模法能够较准确地确定刀具/工件的接触区域，但是该方法存在计算效率与精度之间的矛盾关系。Kiswanto 等[139]提出一种离散建模与解析法相结合的方法,该方法的优点在于计算刀具/工件接触区域的过程中不需要用大量的离散向量来表征工件表面。

在解析法方面,Budak 等[140]将刀具沿轴向离散成一系列微分单元,用以提取刀具/工件之间的接触区域。同年,该团队提出用计算机辅助制造数据来提取刀具/工件接触区域的解析方法。Gupta 等[141]提出了用于计算 2.5D 铣削操作中刀具/工件接触区域的几何算法。西安交通大学的 Zhang 等[142]提出了考虑位移波动的数值模拟程序,用以提取刀具/工件接触区域。近期,Taner 等[143]用投影几何法确定刀具/工件之间的接触区域,与其他方法相比,该方法具有较强的鲁棒性与较快的计算速度,具有较强的实际应用价值。大连理工大学的魏兆成等[131]基于微元离散和刚体旋转变换的思想,提出一种用于刀具/工件接触区提取的半解析建模方法,仿真结果表明该半解析模型能够精确、高效地描述复杂曲面多轴加工的刀具/工件接触区域。清华大学的 Wang 等[144]采用实体建模与离散法相结合的方式提取五轴侧铣中的刀具/工件接触区域。该方法首先采用 CAM 软件生成所需的刀具位置文件,然后通过考虑第一次切削与后续切削之间的差异来更新当前切削层的工件模型,通过从加工表面提取坐标点获得瞬时切削状态下刀具与工件的接触轮廓。最后,通过对接触边界进行修剪,便可提取精确的刀具/工件接触区域。

2. 五轴侧铣稳定性分析研究现状

在曲面五轴加工过程中,切削进给率与刀具/工件接触区域通常由于工件表面几何形状与加工路径的变化发生改变,因此,加工稳定性会随着刀具位置的不同而有所差异[145,146]。Larue 与 Altintas[147]对直纹曲面五轴加工过程中锥形螺旋球头铣刀的切削力进行了预测,在切削力预测过程中,该团队从标准 CAD 系统导入工件的几何模型,将锥形螺旋球头立铣刀建模为由球体和锥体基元组成的实体模型,将刀具的切入角、切出角与浸润角作为预测刀具在不同路径下产生切削力的边界条件。随后,Ferry 和 Altintas[146]提出一种用于五轴侧铣的动力学模型,并将该模型整合到频域分析中,用来确定五轴加工过程的稳定性[148],但是该模型忽略了过程阻尼对五轴加工稳定性的影响。Ahmadi 与 Ismail[149]建立了考虑过程阻尼的五轴圆周铣削动力学模型,用半离散法研究了过程阻尼对五轴圆周铣削的影响,提出了"稳定映射图"的概念,即与刀具位置、转速相关的稳定图,并对该稳定映射图进行了验证。北京理工大学的闫正虎[85]对变时滞直纹曲面五轴加工进行了研究。此外,专家学者从路径优化[150]、加工变形预测[151]、表面形貌产生机理[152]、变形误差补偿[153]等方面对五轴侧铣进行了研究。

3. 五轴球头铣削稳定性分析研究现状

对切削力的准确预测是分析五轴加工稳定性的前提,在五轴球头铣削力预测方面,Fussell 等[154]提出一种预测五轴球头铣削力的力学模型,该模型用刀具与工件的离散几何模型来确定刀具/工件的接触区域,并对五轴球头铣削力进行仿真。Ozturk 与 Budak[155]提出五轴球头铣削的几何模型与力学模型,并通过解析法确定五轴球头铣削过程刀具/工件的接触区域。Wang 等[71]提出一种考虑刀具跳动的五轴球头铣削模型,用来预测存在刀具跳动的五轴球头铣削过程的切削力。在五轴球头铣削稳定性预测方面,Budak 等[140]提出了可用于预测五轴铣削力与稳定性的模型,该模型可与 CAD/CAM 软件集成,用于模拟五轴铣削过程。

Wang 等[156]指出,由前倾角与侧倾角定义的刀轴矢量(刀具姿态)对五轴铣削稳定性具有重要影响,Ozturk 与 Budak 等[157]采用频域法研究了前倾角与侧倾角对五轴铣削切削力、转矩、形状误差与稳定性的影响,随后,Ozturk 与 Budak[158]分别用频域法、时域法与实验法对五轴球头铣削的稳定性进行了分析。结果表明,由于球头铣刀几何特征对接触区域的影响,在五轴球头铣削稳定性叶瓣图的求解过程中加入多频分量会造成稳定图的边际效应。为得到无颤振刀轴矢量,Geng 等[159]采用预测的切削力与粒子群寻优方法对刀轴矢量进行优化,以此来达到避免五轴加工颤振的目的。

Altintas 等[160]提出一种自动调整刀轴倾角的策略,该策略通过考虑刀具路径与机床的运动特性,将刀具与工件的结构动力学特性转换到刀具－工件接触坐标下,然后建立每个刀具路径下的铣削稳定区域,并采用奈奎斯特准则迭代搜索无颤振的刀轴矢量,实验结果表明该方法能够有效避免五轴球头铣削颤振,但是该方法需要较短的反应时间。近期,香港科技大学、西北工业大学与南京航空航天大学的研究团队共同提出一种自由曲面无颤振加工路径优化方法,旨在延长刀具服役寿命。该方法首先通过实验法构建与前倾角、切削深度相关的铣削稳定性叶瓣图,然后根据该稳定图选择合适的前倾角与切削深度,进而生成刀具的加工路径,实验结果表明该方法使刀具切削刃的最大磨损量降低了 39%[161],该方法目前仅限于平面类型的刀具路径，未对侧倾角的影响进行研究。在五轴铣削稳定性研究中，迫切需要建立新的动力学模型，对多种交互效应下五轴铣削稳定性的演变规律开展深入研究。

1.2.6　铣削稳定性分析发展趋势

随着机床复杂度的增加与对产品质量要求的提高，铣削稳定性分析与颤振抑制面临着新的挑战。结合已有研究成果与制造业发展方向，铣削稳定性分析与颤振抑制的发展趋势主要有以下 4 个方面：

（1）开发新的稳定性叶瓣图计算方法。学者对铣削稳定性叶瓣图计算方法进行了大量研究，但各有自身的局限性，需要进一步开发新的计算方法，以提高其通用性、计算精度与计算效率。

（2）建立更加精确的多轴铣削动力学模型。随着多轴、高速铣削的推广应用，机床动态特性对铣削稳定性的影响越来越明显，建立包含机床动态特性的铣削动力学模型是准确分析铣削状态的基础。

（3）微细铣削的稳定性预测。目前对微细铣削稳定性的研究主要是沿用宏观铣削的方法，鲜有考虑尺度效应、材料微观结构等因素对微细铣削机理的影响，因此需要进一步研究针对微细铣削机理的稳定性分析方法，包括微细铣削动力学模型的建立、模态参数、切削力系数的获取等。

（4）结合人工智能技术，实现加工过程自适应控制。随着科技的进步，机床的智能化水平逐步提高，将铣削稳定性分析与人工智能相结合，突破被动的预先设定切削参数的局限，实现无颤振切削参数的实时在线调整。

1.3　本书章节安排与体系结构

本书针对多轴侧铣与多轴球头铣削的颤振稳定性问题开展研究。研究了高阶插值方法对计算铣削稳定性叶瓣图收敛速度与计算精度的影响，提出了新的铣削稳定性叶瓣图求解方法；以侧铣与球头铣削为研究对象，采用理论建模与实验验证相结合的方式，构建了包含主轴系统－刀具－工件交互效应的多轴侧铣、多轴球头铣削动力学模型；揭示了主轴系统－刀具－工件交互效应对铣削稳定性的影响机理；建立了刀轴倾角与铣削稳定性的映射关系；通过铣削实验对构建的多轴铣削动力学模型进行验证，证明了动力学模型在预测铣削稳定性方面的有效性；将构建的铣削动力学模型用于预测微型发动机零件加工过程的切削状态，选取无颤振加工参数，实现了复杂结构件的高效、稳定加工。

全书分为 5 部分，由 8 章构成，各章节具体研究内容如下：

第一部分（第 1 章）首先对本书的研究背景与研究意义进行介绍，指出研究主轴系统－刀具－工件交互效应对多轴铣削稳定性影响机理的必要性。然后进一步从主轴系统动力学建模、稳定性叶瓣图求解方法、三轴铣削稳定性分析与五轴铣削稳定性分析等几个方面的研究现状与发展趋势进行论述，在此基础上引出本书主要的研究内容与研究思路。

第二部分（第 2 章）分别用不同阶数的插值多项式逼近铣削动力学方程的状态项、时滞项与周期系数项，研究不同插值方法对稳定性叶瓣图收敛速度与计算精度的影响。提出一种新的稳定性叶瓣图求解方法——三阶埃尔米特－牛顿插值法，本方法用三阶埃尔米特插值多项式逼近状态项、用三阶牛顿插值多项式逼近时滞项、用一阶牛顿插值多项式逼近周期系数项。结果表明，与现有方法相比，本方法具有更快的收敛速度与更高的计算精度，为研究主轴系统－刀具－工件交互效应对铣削稳定性的影响奠定了可靠基础。

第三部分（第 3、4、5、6 章）研究了主轴系统－刀具－工件交互效应对三轴、五轴铣削稳定性的影响。建立了综合考虑再生效应、刀具结构模态耦合与过程阻尼多种效应耦合的多轴铣削动力学模型，分别研究了刀具与工件之间多种交互效应对三轴侧铣、三轴球头铣削稳定性的影响规律。运用建立的三轴侧铣动力学模型研究了稳定性叶瓣图在顺铣、逆铣操作下，随铣刀径向切深的变化规律。通过铣削实验验证了建立的三轴侧铣、三轴球头铣削动力学模型在预测三轴铣削稳定性方面的有效性。在三轴侧铣、三轴球头铣削动力学模型的基础上，建立了包含主轴系统－刀具－工件交互效应的五轴侧铣、五轴球头铣削动力学模型，研究了再生效应、刀具结构模态耦合与过程阻尼对五轴侧铣、五轴球头铣削稳定性的影响机理。揭示了多种交互效应下刀轴姿态对五轴侧铣、五轴球头铣削稳定性的影响规律。通过五轴铣削实验验证了动力学模型的有效性。

　　第四部分（第 7 章）研究了高速切削状态下主轴系统 – 刀具 – 工件交互效应对多轴铣削稳定性的影响规律。建立了主轴系统动力学模型，基于该模型研究了高速状态下主轴系统的陀螺效应、离心力对刀尖动态特性的影响，建立了主轴转速与刀尖固有频率之间的映射关系，提出了考虑速度效应（陀螺效应、离心力、轴承刚度软化）与刀具 – 工件交互效应的五轴铣削动力学模型，对高速铣削条件下主轴系统 – 刀具 – 工件之间的交互机理进行了深入研究，揭示了高速切削状态下五轴铣削稳定性的动态演变规律，通过实验验证了模型的有效性。

　　第五部分（第 8 章）基于之前章节提出的三阶埃尔米特 – 牛顿插值法与考虑主轴系统 – 刀具 – 工件交互效应的五轴侧铣、五轴球头铣削动力学模型，分别得到针对铝合金五轴侧铣与钛合金五轴球头铣削的稳定性叶瓣图，选取无颤振加工参数，对微型发动机的气缸（铝合金）与转子（钛合金）进行加工实验。结果表明，采用建立的动力学模型获得的稳定性叶瓣图能够准确预测铣削状态，可实现微型发动机零件的高效、稳定加工。

第**2**章

铣削稳定性叶瓣图计算方法研究

2.1 引　　言

颤振为铣削失稳的典型形式，会导致工件表面出现振纹、降低工件表面质量、加速刀具磨损，甚至降低主轴的使用寿命。采用稳定性叶瓣图对铣削稳定性进行预测，选取合理的加工参数能够有效避免颤振发生。计算稳定性叶瓣图的关键是求解铣削动力学方程，获得状态转移矩阵，然后采用弗洛凯定理确定铣削状态。铣削动力学方程可转化为由状态项、时滞项与周期系数项构成的状态空间方程形式。为研究不同插值方法对计算结果收敛速度的影响，本章分别用不同阶数的插值多项式逼近铣削动力学方程的状态项、时滞项与周期系数项，结果表明采用三阶埃尔米特插值方法逼近状态项与采用三阶牛顿插值方法逼近时滞项时能够得到较理想的计算结果，用高阶插值方法逼近周期系数项会降低计算结果的收敛速度。提出一种新的稳定性叶瓣图计算方法——三阶埃尔米特－牛顿插值法，本方法用三阶埃尔米特插值多项式逼近状态项、用三阶牛顿插值多项式逼近时滞项、用一阶牛顿插值逼近周期系数项。结果表明，与现有方法相比，提出的三阶埃尔米特－牛顿插值法具有更快的收敛速度与更高的计算精度，为后续研究不同动力学模型对铣削稳定性的影响规律奠定了可靠基础。

2.2 传统铣削动力学模型

通过对铣削动力学方程所涉及的状态项、时滞项与周期系数项进行插值逼近，可以对其进行求解，从而获取状态转移矩阵，根据弗洛凯定理判断铣削系统的稳定性。因为不同铣削动力学模型可转化为同类型的状态空间方程形式，即转化的状态空间方程均由状态项、时滞项与周期系数项组成，差别在于不同动力学模型状态空间方程的状态项、时滞项与周期系数项内部结构有所差异，但这并不影响对方程的求解精度，即铣削动力学方程的求解方法具有通用性。所以本章在研究不同插值方法对铣削稳定性叶瓣图计算收敛速度影响的过程中，仍采用基于再生效应的铣削动力学模型[45]。

2.2.1 单自由度铣削动力学模型

基于再生效应的单自由度铣削动力学模型可用以下时滞微分方程表示[45]：

$$\ddot{x}(t) + 2\zeta\omega\dot{x}(t) + \omega^2 x(t) = -\frac{a_{\mathrm{p}}h(t)}{m}[x(t) - x(t-\tau)] \tag{2.1}$$

式中，ζ 为阻尼比；ω 为固有频率；m 为模态质量；a_{p} 为轴向切深；$h(t)$ 如式（2.2）所示：

$$h(t) = \sum_{j=1}^{N} g[\phi_j(t)]\sin[\phi_j(t)]\{K_{\mathrm{tc}}\cos[\phi_j(t)] + K_{\mathrm{rc}}\sin[\phi_j(t)]\} \tag{2.2}$$

式中，K_{tc} 与 K_{rc} 分别为切向与径向切削力系数；$\phi_j(t)$ 为铣刀第 j 个齿的角位置，其表达式如下：

$$\phi_j(t) = (2\pi n_s / 60)t + (j-1)2\pi / N \qquad (2.3)$$

式中，N 为铣刀齿数；n_s 为主轴转速（r/min）。窗函数 $g[\varphi_j(t)]$ 如下：

$$g[\phi_j(t)] = \begin{cases} 1, & \phi_{st} < \phi_j(t) < \phi_{ex} \\ 0, & 其他 \end{cases} \qquad (2.4)$$

式中，ϕ_{st} 与 ϕ_{ex} 分别为第 j 个刀齿的切入角与切出角。对于顺铣，$\phi_{st} = \arccos(2a_e / D - 1)$，$\phi_{ex} = \pi$；对于逆铣，$\phi_{st} = 0$，$\phi_{ex} = \arccos(1 - 2a_e / D)$；$a_e / D$ 为径向切深与刀具直径的比值。

定义 $\boldsymbol{X}(t) = \begin{bmatrix} x(t) \\ \dot{x}(t) \end{bmatrix}$，对于单自由度铣削系统，式（2.1）可用以下状态空间方程表示[44,162]：

$$\dot{\boldsymbol{X}}(t) = \boldsymbol{A}\boldsymbol{X}(t) + \boldsymbol{B}(t)\boldsymbol{X}(t) - \boldsymbol{B}(t)\boldsymbol{X}(t-\tau) \qquad (2.5)$$

式中，$\boldsymbol{A} = \begin{bmatrix} 0 & 1 \\ -\omega_n^2 & -2\zeta\omega_n \end{bmatrix}$ 为常数矩阵，代表铣削系统的不变性；

$\boldsymbol{B}(t) = \begin{bmatrix} 0 & 0 \\ \dfrac{-a_p h(t)}{m} & 0 \end{bmatrix}$ 为周期系数项，满足 $\boldsymbol{B}(t) = \boldsymbol{B}(t-\tau)$。在式（2.1）中，

时滞量 τ 与刀齿通过周期 T 相同，即 $\tau = T$。为求解式（2.5），将时间周期 T 平均分成 n 段时间间隔，则每段时间间隔的长度为 $\Delta t = \dfrac{\tau}{n}$。各时间段可表示为 $[t_i, t_{i+1}], i = 1, 2, \cdots, n$。在第 i 个时间段 $[t_i, t_{i+1}]$ 对式（2.5）进行积分，结果如式（2.6）所示：

$$\boldsymbol{X}_{i+1} = e^{A\Delta t}\boldsymbol{X}_i + \int_{t_i}^{t_{i+1}} e^{A(t_{i+1}-t)}\boldsymbol{B}(t)[\boldsymbol{X}(t) - \boldsymbol{X}(t-\tau)]dt \qquad (2.6)$$

2.2.2　两自由度铣削动力学模型

两自由度铣削系统可以简化为两个互相垂直方向上由弹簧与阻尼组成的振动系统[163]，即铣削系统可视为由模态质量、模态阻尼和模态刚度组成的系统。传统的两自由度铣削动力学模型如式（2.7）所示[45]：

$$
\begin{bmatrix} m_x & 0 \\ 0 & m_y \end{bmatrix} \begin{bmatrix} \ddot{x}(t) \\ \ddot{y}(t) \end{bmatrix} + \begin{bmatrix} c_x & 0 \\ 0 & c_y \end{bmatrix} \begin{bmatrix} \dot{x}(t) \\ \dot{y}(t) \end{bmatrix} + \begin{bmatrix} k_x & 0 \\ 0 & k_y \end{bmatrix} \begin{bmatrix} x(t) \\ y(t) \end{bmatrix} = \begin{bmatrix} -a_p h_{xx} & -a_p h_{xy} \\ -a_p h_{yx} & -a_p h_{yy} \end{bmatrix} \begin{bmatrix} x(t) \\ y(t) \end{bmatrix} -
$$

$$
\begin{bmatrix} -a_p h_{xx} & -a_p h_{xy} \\ -a_p h_{yx} & -a_p h_{yy} \end{bmatrix} \begin{bmatrix} x(t-T) \\ y(t-T) \end{bmatrix} \tag{2.7}
$$

式中，h_{xx}、h_{xy}、h_{yx}、h_{yy} 为与切削力有关的方程，其表达式如下：

$$
h_{xx} = \sum_{j=1}^{N} g[\phi_j(t)] \sin[\phi_j(t)] \{K_{tc} \cos[\phi_j(t)] + K_{rc} \sin[\phi_j(t)]\} \tag{2.7a}
$$

$$
h_{xy} = \sum_{j=1}^{N} g[\phi_j(t)] \cos[\phi_j(t)] \{K_{tc} \cos[\phi_j(t)] + K_{rc} \sin[\phi_j(t)]\} \tag{2.7b}
$$

$$
h_{yx} = \sum_{j=1}^{N} g[\phi_j(t)] \sin[\phi_j(t)] \{-K_{tc} \sin[\phi_j(t)] + K_{rc} \cos[\phi_j(t)]\} \tag{2.7c}
$$

$$
h_{yy} = \sum_{j=1}^{N} g[\phi_j(t)] \cos[\phi_j(t)] \{-K_{tc} \sin[\phi_j(t)] + K_{rc} \cos[\phi_j(t)]\} \tag{2.7d}
$$

定义 $U = [x(t) \quad y(t) \quad \dot{x}(t) \quad \dot{y}(t)]^T$，则式（2.7）可转化为以下状态空间方程形式：

$$
\dot{U}(t) = A_2 U(t) + B_2(t)[U(t) - U(t-\tau)] \tag{2.8}
$$

式中

$$
A_2 = \begin{bmatrix} 0 & 0 & 1 & 0 \\ 0 & 0 & 0 & 1 \\ -\dfrac{k_x}{m_x} & 0 & -\dfrac{c_x}{m_x} & 0 \\ 0 & -\dfrac{k_y}{m_y} & 0 & -\dfrac{c_y}{m_y} \end{bmatrix} \tag{2.8a}
$$

$$
B_2(t) = \begin{bmatrix} 0 & 0 & 0 & 0 \\ 0 & 0 & 0 & 0 \\ -a_p \dfrac{h_{xx}}{m_x} & -a_p \dfrac{h_{xy}}{m_x} & 0 & 0 \\ -a_p \dfrac{h_{yx}}{m_y} & -a_p \dfrac{h_{yy}}{m_y} & 0 & 0 \end{bmatrix} \tag{2.8b}
$$

2.3　应用高阶埃尔米特插值法逼近状态项

为研究用高阶埃尔米特插值多项式逼近铣削动力学方程的状态项 $X(t)$ 时对收敛速度的影响，分别用四阶埃尔米特、五阶埃尔米特插值多项式逼近状态项。

2.3.1　应用四阶埃尔米特插值法逼近状态项

应用四阶埃尔米特插值多项式在时间区间 $[t_i, t_{i+1}]$ 内逼近式（2.6）中的状态项 $X(t)$。在插值过程中，采用节点 $t = t_{i-1}$，$t = t_i$，$t = t_{i+1}$ 处的响应值 $X(t_{i-1})$、$X(t_i)$、$X(t_{i+1})$ 与节点 $t = t_i$，$t = t_{i+1}$ 处响应值的一阶导数 $\dot{X}(t_i)$、$\dot{X}(t_{i+1})$，如表 2.1 所示。

表 2.1　用于插值状态项的函数表

t_k	t_{i-1}	t_i	t_{i+1}
$X(t_k)$	$X(t_{i-1})$	$X(t_i)$	$X(t_{i+1})$
$\dot{X}(t_k)$	—	$\dot{X}(t_i)$	$\dot{X}(t_{i+1})$

根据式（2.5），任意节点 $t = t_i$ 与 $t = t_{i+1}$ 处响应值的一阶导数可表示为

$$\dot{X}(t_i) = AX(t_i) + B(t_i)[X(t_i) - X(t_i - \tau)] \tag{2.9}$$

$$\dot{X}(t_{i+1}) = AX(t_{i+1}) + B(t_{i+1})[X(t_{i+1}) - X(t_{i+1} - \tau)] \tag{2.10}$$

根据四阶埃尔米特插值多项式，可用导数节点值 $\dot{X}(t_i)$、$\dot{X}(t_{i+1})$ 与状态项节点值 $X(t_{i-1})$、$X(t_i)$、$X(t_{i+1})$ 在时间区间 $[t_i, t_{i+1}]$ 内对状态项 $X(t)$ 进行插值逼近，结果如式（2.11）所示。

$$X(t) \approx a_1 X_{i-1} + b_1 X_i + c_1 X_{i+1} + d_1 X_{i-n} + e_1 X_{i-n+1} \tag{2.11}$$

式中，X_i 为 $X(i \cdot \Delta t)$ 的简写，a_1、b_1、c_1、d_1、e_1 的表达式如下：

$$a_1 = \left(\frac{t^4}{4\Delta t^4} - \frac{t^3}{2\Delta t^3} + \frac{t^2}{4\Delta t^2} \right) I \tag{2.11a}$$

$$b_1 = I + (A + B_i)t - \frac{(2I + A\Delta t + B_i\Delta t)t^2}{\Delta t^2} - \frac{(A+B_i)t^3}{\Delta t^2} + \frac{(I+A\Delta t + B_i\Delta t)t^4}{\Delta t^4}$$

(2.11b)

$$c_1 = \frac{7It^2}{4\Delta t^2} - \frac{(A+B_{i+1})t^2}{2\Delta t} + \frac{It^3}{2\Delta t^3} + \frac{(2Ah + 2B_{i+1}h - 5I)t^4}{4\Delta t^4} \quad (2.11c)$$

$$d_1 = -\frac{B_i t^4}{\Delta t^3} + \frac{B_i t^3}{\Delta t^2} + \frac{B_i t^2}{\Delta t} - B_i t \quad (2.11d)$$

$$e_1 = \frac{B_{i+1}t^2}{2\Delta t} - \frac{B_{i+1}t^4}{2\Delta t^3} \quad (2.11e)$$

式中，I 为单位矩阵。

分别用二阶牛顿插值多项式与线性插值法对时滞项 $X(t-\tau)$ 与周期系数项 $B(t)$ 进行逼近，如式（2.12）、式（2.13）所示。

$$X(t-\tau) \approx \left(\frac{t^2 I}{2\Delta t^2} - \frac{3tI}{2\Delta t} + I\right)X_{i-n} + \left(\frac{2tI}{\Delta t} - \frac{t^2 I}{\Delta t^2}\right)X_{i-n+1} + \left(\frac{t^2 I}{2\Delta t^2} - \frac{tI}{2\Delta t}\right)X_{i-n+2}$$

(2.12)

$$B(t) \approx \frac{\Delta t - t}{\Delta t}B_i + \frac{t}{\Delta t}B_{i+1} \quad （2.13）$$

将式（2.11）、式（2.12）、式（2.13）代入式（2.6），可得

$$X_{i+1} = P_i \begin{bmatrix} (e^{A\Delta t} + H_{13}B_{i+1} + H_{14}B_i)X_i + \\ (H_{15}B_{i+1} + H_{16}B_i)X_{i-1} + \\ (H_{17}B_{i+1} + H_{18}B_i)X_{i-n+2} + \\ (H_{19}B_{i+1} + H_{20}B_i)X_{i-n+1} + \\ (H_{21}B_{i+1} + H_{22}B_i)X_{i-n} \end{bmatrix} \quad (2.14)$$

在式（2.14）中，相关符号的具体表达如下：

$$P_i = [I - H_{11}B_{i+1} - H_{12}B_i]^{-1} \quad (2.14a)$$

$$H_{11} = \frac{(7I - 2A\Delta t - 2B_{i+1}\Delta t)F_3}{4\Delta t^3} + \frac{F_4}{2\Delta t^4} + \frac{(2A\Delta t + 2B_{i+1}\Delta t - 5I)F_5}{4\Delta t^5}$$

(2.14b)

$$H_{12} = \frac{(5I - 2A\Delta t - 2B_{i+1}\Delta t)F_5}{4\Delta t^5} + \frac{(2A\Delta t + 2B_{i+1}\Delta t - 7I)F_4}{4\Delta t^4} +$$
$$\frac{(2A\Delta t + 2B_{i+1}\Delta t - 5I)F_3}{4\Delta t^3} + \frac{(7I - 2A\Delta t - 2B_{i+1}\Delta t)F_2}{4\Delta t^2}$$

（2.14c）

$$H_{13} = \frac{(I + A\Delta t + B_i\Delta t)F_5}{\Delta t^5} - \frac{(A + B_i)F_4}{\Delta t^3} - \frac{(A\Delta t + B_i\Delta t + 2I)F_3}{\Delta t^3} +$$
$$\frac{(A+B_i)F_2}{\Delta t} + \frac{F_1 I}{\Delta t}$$

（2.14d）

$$H_{14} = -\frac{(I + A\Delta t + B_i\Delta t)F_5}{\Delta t^5} + \frac{(I + 2A\Delta t + 2B_i\Delta t)F_4}{\Delta t^4} + \frac{2F_3}{\Delta t^3} -$$
$$\frac{2(I + A\Delta t + B_i\Delta t)F_2}{\Delta t^2} - \left(A + B_i - \frac{I}{\Delta t}\right)F_1 + F_0$$

（2.14e）

$$H_{15} = \frac{F_5}{4\Delta t^5} - \frac{F_4}{2\Delta t^4} + \frac{F_3}{4\Delta t^3}$$

（2.14f）

$$H_{16} = \frac{F_2}{4\Delta t^2} - \frac{3F_3}{4\Delta t^3} + \frac{3F_4}{4\Delta t^4} - \frac{F_5}{4\Delta t^5}$$

（2.14g）

$$H_{17} = -\frac{F_3}{2\Delta t^3} + \frac{F_2}{2\Delta t^2}$$

（2.14h）

$$H_{18} = \frac{F_3}{2\Delta t^3} - \frac{F_2}{\Delta t^2} + \frac{F_1}{2\Delta t}$$

（2.14i）

$$H_{19} = \left(\frac{B_{i+1}}{2\Delta t^2} + \frac{I}{\Delta t^3}\right)F_3 - \frac{B_{i+1}F_5}{2\Delta t^4} - \frac{2F_2}{\Delta t^2}$$

（2.14j）

$$H_{20} = B_{i+1}\left(\frac{F_5}{2\Delta t^4} - \frac{F_4}{2\Delta t^3} - \frac{F_3}{2\Delta t^2} + \frac{F_2}{2\Delta t}\right) - \frac{F_3}{\Delta t^3} + \frac{3F_2}{\Delta t^2} - \frac{2F_1}{\Delta t}$$

（2.14k）

$$H_{21} = B_i\left(-\frac{F_5}{\Delta t^4} + \frac{F_4}{\Delta t^3} + \frac{F_3}{\Delta t^2} - \frac{F_2}{\Delta t}\right) - \frac{F_1}{\Delta t} + \frac{3F_2}{2\Delta t^2} - \frac{F_3}{2\Delta t^3}$$

（2.14l）

$$H_{22} = B_i\left(\frac{F_5}{\Delta t^4} - \frac{2F_4}{\Delta t^3} + \frac{2F_2}{\Delta t} - F_1\right) + \frac{F_3}{2\Delta t^3} - \frac{2F_2}{\Delta t^2} + \frac{5F_1}{2\Delta t} - F_0$$

（2.14m）

$$F_0 = A^{-1}(e^{A\Delta t} - I) \tag{2.14n}$$

$$F_1 = A^{-1}(F_0 - \Delta t I) \tag{2.14o}$$

$$F_2 = A^{-1}(2F_1 - \Delta t^2 I) \tag{2.14p}$$

$$F_3 = A^{-1}(3F_2 - \Delta t^3 I) \tag{2.14q}$$

$$F_4 = A^{-1}(4F_3 - \Delta t^4 I) \tag{2.14r}$$

$$F_5 = A^{-1}(5F_4 - \Delta t^5 I) \tag{2.14s}$$

从式（2.14）可以看出，若矩阵 P_i 为非奇异矩阵，则式（2.14）可转换成以下形式：

$$\begin{Bmatrix} X_{i+1} \\ X_i \\ X_{i-1} \\ \vdots \\ X_{i+1-n} \end{Bmatrix} = M_i \begin{Bmatrix} X_i \\ X_{i-1} \\ X_{i-2} \\ \vdots \\ X_{i-n} \end{Bmatrix} \tag{2.15}$$

式中，矩阵 M_i 如式（2.16）所示：

$$M_i = \begin{bmatrix} M_{11}^i & M_{12}^i & \cdots & M_{1,n-1}^i & M_{1,n}^i & M_{1,n+1}^i \\ I & 0 & \cdots & 0 & 0 & 0 \\ 0 & I & \cdots & 0 & 0 & 0 \\ \vdots & \vdots & & \vdots & \vdots & \vdots \\ 0 & 0 & 0 & 0 & I & 0 \end{bmatrix} \tag{2.16}$$

式（2.16）中的矩阵 M_{11}^i、M_{12}^i、$M_{1,n-1}^i$、$M_{1,n}^i$、$M_{1,n+1}^i$ 如式（2.16a）～式（2.16e）所示：

$$M_{11}^i = P_i(e^{A\Delta t} + H_{13}B_{i+1} + H_{14}B_i) \tag{2.16a}$$

$$M_{12}^i = P_i(H_{15}B_{i+1} + H_{16}B_i) \tag{2.16b}$$

$$M_{1,n-1}^i = P_i(H_{17}B_{i+1} + H_{18}B_i) \tag{2.16c}$$

$$M_{1,n}^{i} = P_i(H_{19}B_{i+1} + H_{20}B_i) \tag{2.16d}$$

$$M_{1,n+1}^{i} = P_i(H_{21}B_{i+1} + H_{22}B_i) \tag{2.16e}$$

铣削系统在单个时间周期上的状态转移矩阵 ψ_1 可以表示为

$$\psi_1 = M_n M_{n-1} \cdots M_1 \tag{2.17}$$

根据弗洛凯定理[164]可确定铣削系统的稳定性边界，其判定准则如式（2.18）所示。

$$\max(|\lambda(\psi_1)|) \begin{cases} <1, 稳定 \\ =1, 临界 \\ >1, 颤振 \end{cases} \tag{2.18}$$

2.3.2　应用五阶埃尔米特插值法逼近状态项

应用五阶埃尔米特插值多项式在任意时间区间 $[t_i, t_{i+1}]$ 内逼近状态项 $X(t)$ 时，采用时间节点 t_{i-2}、t_{i-1}、t_i、t_{i+1} 处的响应值 $X(t_{i-2})$、$X(t_{i-1})$、$X(t_i)$、$X(t_{i+1})$ 与节点 t_i、t_{i+1} 处的导数值 $\dot{X}(t_i)$、$\dot{X}(t_{i+1})$，具体应用到的函数如表 2.2 所示。

表 2.2　用于插值状态项的已知函数表

t_k	t_{i-2}	t_{i-1}	t_i	t_{i+1}
$X(t_k)$	$X(t_{i-2})$	$X(t_{i-1})$	$X(t_i)$	$X(t_{i+1})$
$\dot{X}(t_k)$	—	—	$\dot{X}(t_i)$	$\dot{X}(t_{i+1})$

由于五阶埃尔米特插值法逼近状态项的推导过程与四阶埃尔米特插值法的推导过程相似，因此不再赘述详细推导过程。

后续分析中，为便于区分不同方法，将用三阶埃尔米特插值多项式逼近状态项、用二阶牛顿插值多项式逼近时滞项的方法称为三阶埃尔米特插值法（3rdHAM）[54]；将用四阶埃尔米特插值多项式逼近状态项、用二阶牛顿插值多项式逼近时滞项的方法称为四阶埃尔米特插值法（4thHAM）；

将用五阶埃尔米特插值多项式逼近状态项、用二阶牛顿插值多项式逼近时滞项的方法称为五阶埃尔米特插值法（5thHAM）。利用收敛速度分析不同阶数插值法的优劣程度。

2.3.3　收敛速度分析

收敛速度是评价稳定性叶瓣图计算方法优劣的重要指标，其反映了状态转移矩阵最大临界特征值的绝对值 $|\mu(n)|$ 与精确特征值 μ_0 之间的局部误差，即收敛速度可表示为 $\|\mu(n)|-|\mu_0\|$，$|\mu(n)|$ 为与时间间隔参数 n 有关的数值。一阶半离散法（1stSDM）[46]、三阶全离散法（3rdFDM）[50]与三阶埃尔米特插值法（3rdHAM）[54]具有较快的收敛速度，本书应用单自由度全浸入铣削系统分析四阶埃尔米特插值法（4thHAM）与五阶埃尔米特插值法（5thHAM）的收敛速度，把采用一阶半离散法（1stSDM）在时间微分段 n 为 200 的条件下得到的特征值 μ_0 作为精确解。为计算不同方法的收敛速度，采用文献［45］中的参数，具体如表 2.3 所示。

表 2.3　用于仿真的参数

参数	值
N	2
a_e/D	1
ω/Hz	922
ζ	0.011
m/kg	0.039 93
$K_{tc}/(\text{N}\cdot\text{mm}^{-2})$	6×10^2
$K_{rc}/(\text{N}\cdot\text{mm}^{-2})$	2×10^2

主轴转速为 5 000 r/min，顺铣，轴向切深分别为 0.2 mm 与 0.5 mm 时一阶半离散法（1stSDM）[46]，三阶全离散法（3rdFDM）[50]，三阶、四阶、五阶埃尔米特插值法（3rdHAM[54]、4thHAM、5thHAM）的收敛速度如图 2.1 所示。

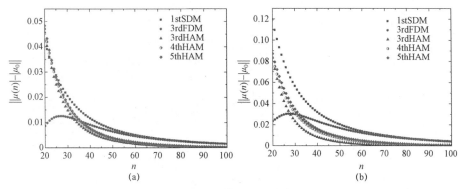

图 2.1　不同插值方法的收敛速度

（a）$n_s = 5\ 000$ r/min，$a_p = 0.2$ mm，$|\mu_0| = 0.819\ 2$；

（b）$n_s = 5\ 000$ r/min，$a_p = 0.5$ mm，$|\mu_0| = 1.072\ 6$

从图 2.1 可知，与其他方法（1stSDM、3rdFDM）相比，三阶、四阶、五阶埃尔米特插值法（3rdHAM、4thHAM、5thHAM）具有更快的收敛速度；但是对比分析三阶、四阶、五阶埃尔米特插值法可以发现，随着插值阶数的增高，收敛速度并没有变快，反而有所下降，这是因为在用埃尔米特插值法逼近状态项 $X(t)$ 时，周期系数项 $B(t)$ 均存在于状态项 $X(t)$ 与状态项的导数项 $\dot{X}(t)$ 中，随着插值阶数的增大，累积误差随之增大，所以收敛速度有所下降。基于以上分析，在后续研究中仍然采用三阶埃尔米特插值多项式逼近状态项 $X(t)$，用高阶牛顿插值法逼近时滞项 $X(t-\tau)$ 与周期系数项 $B(t)$。

2.4　应用高阶牛顿插值法逼近时滞项

后续分析中，仍采用三阶埃尔米特插值法逼近状态项 $X(t)$、一阶牛顿插值法逼近周期系数项 $B(t)$，分别用三阶（4 节点）、四阶（5 节点）牛顿插值多项式逼近时滞项 $X(t-\tau)$，研究高阶牛顿插值法逼近时滞项 $X(t-\tau)$ 对收敛速度的影响。

2.4.1　应用三阶牛顿插值法逼近时滞项

基于三阶（4 节点）牛顿插值多项式，时滞项 $X(t-\tau)$ 在时间区间 $[t_i,$

t_{i+1}] 上可用以下公式近似表达：

$$X(t-\tau) \approx a_2 X_{i-n} + b_2 X_{i-n+1} + c_2 X_{i-n+2} + d_2 X_{i-n+3} \qquad (2.19)$$

式中，a_2、b_2、c_2、d_2 如下：

$$a_2 = \left(1 - \frac{11t}{6\Delta t} + \frac{t^2}{\Delta t^2} - \frac{t^3}{6\Delta t^3}\right)I \qquad (2.19a)$$

$$b_2 = \left(\frac{3t}{\Delta t} - \frac{5t^2}{2\Delta t^2} + \frac{t^3}{2\Delta t^3}\right)I \qquad (2.19b)$$

$$c_2 = \left(-\frac{3t}{2\Delta t} + \frac{2t^2}{\Delta t^2} - \frac{t^3}{2\Delta t^3}\right)I \qquad (2.19c)$$

$$d_2 = \left(\frac{t}{3\Delta t} - \frac{t^2}{2\Delta t^2} + \frac{t^3}{6\Delta t^3}\right)I \qquad (2.19d)$$

应用三阶埃尔米特多项式逼近状态项 $X(t)$，结果如式（2.20）所示：

$$X(t) \approx a_3 X_i + b_3 X_{i+1} + c_3 X_{i-n} + d_3 X_{i-n+1} \qquad (2.20)$$

式中，a_3、b_3、c_3、d_3 如下：

$$a_3 = \frac{(t-\Delta t)^2 \{[I + (A + B_i)t]\Delta t + 2tI\}}{\Delta t^3} \qquad (2.20a)$$

$$b_3 = \frac{\{[3I + (A + B_{i+1})t]\Delta t - (A + B_{i+1})\Delta t^2 - 2tI\}t^2}{\Delta t^3} \qquad (2.20b)$$

$$c_3 = -\frac{(t-\Delta t)^2 tB_i}{\Delta t^2} \qquad (2.20c)$$

$$d_3 = -\frac{t^2(t-\Delta t)B_{i+1}}{\Delta t^2} \qquad (2.20d)$$

应用一阶牛顿插值多项式逼近周期系数项 $B(t)$，如式（2.13）所示。将式（2.13）、式（2.19）、式（2.20）代入式（2.6），可以得到以下公式：

$$X_{i+1} = R_i \begin{bmatrix} (e^{A\Delta t} + G_{13}B_{i+1} + G_{14}B_i)X_i - \\ (G_{15}B_{i+1} + G_{16}B_i)X_{i-n+3} - \\ (G_{17}B_{i+1} + G_{18}B_i)X_{i-n+2} - \\ (G_{19}B_{i+1} + G_{20}B_i)X_{i-n+1} - \\ (G_{21}B_{i+1} + G_{22}B_i)X_{i-n} \end{bmatrix} \qquad (2.21)$$

在式（2.21）中，相关符号的具体表达式如下：

$$R_i = (I - G_{11}B_i - G_{12}B_{i+1})^{-1} \tag{2.21a}$$

$$G_{11} = \left(\frac{2I}{\Delta t^4} - \frac{A}{\Delta t^3} \right)F_4 + \left(\frac{2A}{\Delta t^2} - \frac{5I}{\Delta t^3} \right)F_3 + \left(\frac{3I}{\Delta t^2} - \frac{A}{\Delta t} \right)F_2 \tag{2.21b}$$

$$G_{12} = \left(\frac{A}{\Delta t^3} - \frac{2I}{\Delta t^4} \right)F_4 + \left(\frac{3I}{\Delta t^3} - \frac{A}{\Delta t^2} \right)F_3 \tag{2.21c}$$

$$G_{13} = \frac{F_1}{\Delta t} + \frac{AF_2}{\Delta t} - \left(\frac{2A}{\Delta t^2} + \frac{3I}{\Delta t^3} \right)F_3 + \left(\frac{2I}{\Delta t^4} + \frac{A}{\Delta t^3} \right)F_4 \tag{2.21d}$$

$$G_{14} = \left(\frac{5I}{\Delta t^3} + \frac{3A}{\Delta t^2} \right)F_3 + F_0 + \left(A - \frac{I}{\Delta t} \right)F_1 - \left(\frac{3A}{\Delta t} + \frac{3I}{\Delta t^2} \right)F_2 - \left(\frac{2I}{\Delta t^4} + \frac{A}{\Delta t^3} \right)F_4 \tag{2.21e}$$

$$G_{15} = \frac{F_4}{6\Delta t^4} - \frac{F_3}{2\Delta t^3} + \frac{F_2}{3\Delta t^2} \tag{2.21f}$$

$$G_{16} = \frac{-F_4}{6\Delta t^4} + \frac{2F_3}{3\Delta t^3} - \frac{5F_2}{6\Delta t^2} + \frac{F_1}{3\Delta t} \tag{2.21g}$$

$$G_{17} = \frac{-F_4}{2\Delta t^4} + \frac{2F_3}{\Delta t^3} - \frac{3F_2}{2\Delta t^2} \tag{2.21h}$$

$$G_{18} = \frac{F_4}{2\Delta t^4} - \frac{5F_3}{2\Delta t^3} + \frac{7F_2}{2\Delta t^2} - \frac{3F_1}{2\Delta t} \tag{2.21i}$$

$$G_{19} = \left(\frac{B_{i+1}}{\Delta t^3} + \frac{I}{2\Delta t^4} \right)F_4 - \left(\frac{B_{i+1}}{\Delta t^2} + \frac{5I}{2\Delta t^3} \right)F_3 + \frac{3F_2}{\Delta t^2} \tag{2.21j}$$

$$G_{20} = -\left(\frac{B_{i+1}}{\Delta t^3} + \frac{I}{2\Delta t^4} \right)F_4 + \left(\frac{2B_{i+1}}{\Delta t^2} + \frac{3I}{\Delta t^3} \right)F_3 - \left(\frac{B_{i+1}}{\Delta t} + \frac{11I}{2\Delta t^2} \right)F_2 + \frac{3F_1}{\Delta t} \tag{2.21k}$$

$$G_{21} = -\left(-\frac{B_i}{\Delta t^3} + \frac{I}{6\Delta t^4} \right)F_4 - \left(\frac{2B_i}{\Delta t^2} - \frac{I}{\Delta t^3} \right)F_3 - \left(-\frac{B_i}{\Delta t} + \frac{11I}{6\Delta t^2} \right)F_2 + \frac{F_1}{\Delta t} \tag{2.21l}$$

$$G_{22} = -\left(\frac{B_i}{\Delta t^3} - \frac{I}{6\Delta t^4} \right)F_4 - \left(-\frac{3B_i}{\Delta t^2} + \frac{7I}{6\Delta t^3} \right)F_3 - \left(\frac{3B_i}{\Delta t} - \frac{17I}{6\Delta t^2} \right) \cdot$$
$$F_2 - \left(-B_i + \frac{17I}{6\Delta t} \right)F_1 + F_0 \tag{2.21m}$$

若 $\boldsymbol{R}_i$ 为非奇异矩阵，根据式（2.21），局部离散映射可以表示为矩阵形式，如式（2.22）所示：

$$\begin{Bmatrix} \boldsymbol{X}_{i+1} \\ \boldsymbol{X}_i \\ \boldsymbol{X}_{i-1} \\ \vdots \\ \boldsymbol{X}_{i+1-n} \end{Bmatrix} = \boldsymbol{N}_i \begin{Bmatrix} \boldsymbol{X}_i \\ \boldsymbol{X}_{i-1} \\ \boldsymbol{X}_{i-2} \\ \vdots \\ \boldsymbol{X}_{i-n} \end{Bmatrix} \tag{2.22}$$

式中，$\boldsymbol{N}_i$ 的表达式如式（2.23）所示：

$$\boldsymbol{N}_i = \begin{bmatrix} \boldsymbol{N}_{11}^i & 0 & \cdots & \boldsymbol{N}_{1,n-2}^i & \boldsymbol{N}_{1,n-1}^i & \boldsymbol{N}_{1,n}^i & \boldsymbol{N}_{1,n+1}^i \\ \boldsymbol{I} & 0 & \cdots & 0 & 0 & 0 & 0 \\ 0 & \boldsymbol{I} & \cdots & 0 & 0 & 0 & 0 \\ \vdots & \vdots & & \vdots & \vdots & \vdots & \vdots \\ 0 & 0 & \cdots & 0 & 0 & \boldsymbol{I} & 0 \end{bmatrix} \tag{2.23}$$

在式（2.23）中，矩阵 $\boldsymbol{N}_{11}^i$、$\boldsymbol{N}_{1,n-2}^i$、$\boldsymbol{N}_{1,n-1}^i$、$\boldsymbol{N}_{1,n}^i$、$\boldsymbol{N}_{1,n+1}^i$ 如式（2.23a）～式（2.23e）所示：

$$\boldsymbol{N}_{11}^i = \boldsymbol{R}_i(\mathrm{e}^{A\Delta t} + \boldsymbol{G}_{13}\boldsymbol{B}_{i+1} + \boldsymbol{G}_{14}\boldsymbol{B}_i) \tag{2.23a}$$

$$\boldsymbol{N}_{1,n-2}^i = -\boldsymbol{R}_i(\boldsymbol{G}_{15}\boldsymbol{B}_{i+1} + \boldsymbol{G}_{16}\boldsymbol{B}_i) \tag{2.23b}$$

$$\boldsymbol{N}_{1,n-1}^i = -\boldsymbol{R}_i(\boldsymbol{G}_{17}\boldsymbol{B}_{i+1} + \boldsymbol{G}_{18}\boldsymbol{B}_i) \tag{2.23c}$$

$$\boldsymbol{N}_{1,n}^i = -\boldsymbol{R}_i(\boldsymbol{G}_{19}\boldsymbol{B}_{i+1} + \boldsymbol{G}_{20}\boldsymbol{B}_i) \tag{2.23d}$$

$$\boldsymbol{N}_{1,n+1}^i = -\boldsymbol{R}_i(\boldsymbol{G}_{21}\boldsymbol{B}_{i+1} + \boldsymbol{G}_{22}\boldsymbol{B}_i) \tag{2.23e}$$

铣削系统在一个周期 T 内的状态转移矩阵 $\boldsymbol{\psi}_2$ 如式（2.24）所示：

$$\boldsymbol{\psi}_2 = \boldsymbol{N}_n\boldsymbol{N}_{n-1}\cdots\boldsymbol{N}_1 \tag{2.24}$$

根据弗洛凯定理可确定铣削系统的稳定边界。

2.4.2 应用四阶牛顿插值法逼近时滞项

基于四阶（5 节点）牛顿多项式，时滞项 $\boldsymbol{X}(t-\tau)$ 在时间区间 $[t_i, t_{i+1}]$ 上的表达式如式（2.25）所示。

$$X(t-\tau) \approx a_4 X_{i-n} + b_4 X_{i-n+1} + c_4 X_{i-n+2} + d_4 X_{i-n+3} + e_4 X_{i-n+4}$$

（2.25）

式中，a_4、b_4、c_4、d_4、e_4 如下：

$$a_4 = \left(1 - \frac{25t}{12\Delta t} + \frac{35t^2}{24\Delta t^2} - \frac{5t^3}{12\Delta t^3} + \frac{t^4}{24\Delta t^4}\right) I$$

（2.25a）

$$b_4 = \left(\frac{4t}{\Delta t} - \frac{13t^2}{3\Delta t^2} + \frac{3t^3}{2\Delta t^3} - \frac{t^4}{6\Delta t^4}\right) I$$

（2.25b）

$$c_4 = \left(-\frac{3t}{\Delta t} + \frac{19t^2}{4\Delta t^2} - \frac{2t^3}{\Delta t^3} + \frac{t^4}{4\Delta t^4}\right) I$$

（2.25c）

$$d_4 = \left(\frac{4t}{3\Delta t} - \frac{7t^2}{3\Delta t^2} + \frac{7t^3}{6\Delta t^3} - \frac{t^4}{6\Delta t^4}\right) I$$

（2.25d）

$$e_4 = \left(-\frac{t}{4\Delta t} + \frac{11t^2}{24\Delta t^2} - \frac{t^3}{4\Delta t^3} + \frac{t^4}{24\Delta t^4}\right) I$$

（2.25e）

采用三阶埃尔米特插值多项式逼近状态项 $X(t)$，如式（2.20）所示；采用一阶牛顿插值多项式逼近周期系数项 $B(t)$，如式（2.13）所示。将式（2.13）、式（2.20）与式（2.25）代入式（2.26），可得

$$X_{i+1} = R_i \begin{bmatrix} (e^{A\Delta t} + G_{13} B_{i+1} + G_{14} B_i) X_i - \\ (U_{11} B_{i+1} + U_{12} B_i) X_{i-n+4} - \\ (U_{13} B_{i+1} + U_{14} B_i) X_{i-n+3} - \\ (U_{15} B_{i+1} + U_{16} B_i) X_{i-n+2} + \\ (U_{17} B_{i+1} + U_{18} B_i) X_{i-n+1} + \\ (U_{19} B_{i+1} + U_{20} B_i) X_{i-n} \end{bmatrix}$$

（2.26）

在式（2.26）中，相关符号的具体表达如下：

$$U_{11} = \frac{1}{24\Delta t^5} F_5 - \frac{1}{4\Delta t^4} F_4 + \frac{11}{24\Delta t^3} F_3 - \frac{1}{4\Delta t^2} F_2$$

（2.26a）

$$U_{12} = -\frac{1}{24\Delta t^5} F_5 + \frac{7}{24\Delta t^4} F_4 - \frac{17}{24\Delta t^3} F_3 + \frac{17}{24\Delta t^2} F_2 - \frac{1}{4\Delta t} F_1$$

（2.26b）

$$U_{13} = -\frac{1}{6\Delta t^5}F_5 + \frac{7}{6\Delta t^4}F_4 - \frac{7}{3\Delta t^3}F_3 + \frac{4}{3\Delta t^2}F_2 \tag{2.26c}$$

$$U_{14} = \frac{1}{6\Delta t^5}F_5 - \frac{4}{3\Delta t^4}F_4 + \frac{7}{2\Delta t^3}F_3 - \frac{11}{3\Delta t^2}F_2 + \frac{4}{3\Delta t}F_1 \tag{2.26d}$$

$$U_{15} = \frac{1}{4\Delta t^5}F_5 - \frac{2}{\Delta t^4}F_4 + \frac{19}{4\Delta t^3}F_3 - \frac{3}{\Delta t^2}F_2 \tag{2.26e}$$

$$U_{16} = -\frac{1}{4\Delta t^5}F_5 + \frac{9}{4\Delta t^4}F_4 - \frac{27}{4\Delta t^3}F_3 + \frac{31}{4\Delta t^2}F_2 - \frac{3}{\Delta t}F_1 \tag{2.26f}$$

$$U_{17} = \frac{1}{6\Delta t^5}F_5 + \left(-\frac{B_{i+1}}{\Delta t^3} - \frac{3I}{2\Delta t^4}\right)F_4 + \left(\frac{B_{i+1}}{\Delta t^2} + \frac{13I}{3\Delta t^3}\right)F_3 - \frac{4}{\Delta t^2}F_2$$
$$\tag{2.26g}$$

$$U_{18} = -\frac{1}{6\Delta t^5}F_5 + \left(\frac{B_{i+1}}{\Delta t^3} + \frac{5I}{3\Delta t^4}\right)F_4 + \left(-\frac{2B_{i+1}}{\Delta t^2} - \frac{35I}{6\Delta t^3}\right)\cdot$$
$$F_3 + \left(\frac{B_{i+1}}{\Delta t} + \frac{25I}{3\Delta t^2}\right)F_2 - \frac{4}{\Delta t}F_1 \tag{2.26h}$$

$$U_{19} = -\frac{1}{24\Delta t^5}F_5 + \left(-\frac{B_i}{\Delta t^3} + \frac{5I}{12\Delta t^4}\right)F_4 + \left(\frac{2B_i}{\Delta t^2} - \frac{35I}{24\Delta t^3}\right)\cdot$$
$$F_3 + \left(-\frac{B_i}{\Delta t} + \frac{25I}{12\Delta t^2}\right)F_2 - \frac{1}{\Delta t}F_1 \tag{2.26i}$$

$$U_{20} = \frac{1}{24\Delta t^5}F_5 + \left(\frac{B_i}{\Delta t^3} - \frac{11I}{24\Delta t^4}\right)F_4 + \left(-\frac{3B_i}{\Delta t^2} + \frac{15I}{8\Delta t^3}\right)F_3 +$$
$$\left(\frac{3B_i}{\Delta t} - \frac{85I}{24\Delta t^2}\right)F_2 + \left(-B_i + \frac{37I}{12\Delta t}\right)F_1 - F_0 \tag{2.26j}$$

　　若 R_i 为非奇异矩阵，根据式（2.26），局部离散映射可表示为矩阵形式，如式（2.27）所示：

$$\begin{Bmatrix} X_{i+1} \\ X_i \\ X_{i-1} \\ \vdots \\ X_{i+1-n} \end{Bmatrix} = Q_i \begin{Bmatrix} X_i \\ X_{i-1} \\ X_{i-2} \\ \vdots \\ X_{i-n} \end{Bmatrix} \tag{2.27}$$

式中，Q_i 如式（2.28）所示：

$$Q_i = \begin{bmatrix} Q_{11}^i & 0 & \cdots & Q_{1,n-3}^i & Q_{1,n-2}^i & Q_{1,n-1}^i & Q_{1,n}^i & Q_{1,n+1}^i \\ I & 0 & \cdots & 0 & 0 & 0 & 0 & 0 \\ 0 & I & \cdots & 0 & 0 & 0 & 0 & 0 \\ \vdots & \vdots & & \vdots & \vdots & \vdots & \vdots & \vdots \\ 0 & 0 & \cdots & 0 & 0 & 0 & I & 0 \end{bmatrix} \qquad (2.28)$$

在式（2.28）中，矩阵 Q_{11}^i、$Q_{1,n-3}^i$、$Q_{1,n-2}^i$、$Q_{1,n-1}^i$、$Q_{1,n}^i$、$Q_{1,n+1}^i$ 的具体形式如式（2.28a）～式（2.28f）所示：

$$Q_{11}^i = R_i(e^{A\Delta t} + G_{13}B_{i+1} + G_{14}B_i) \qquad (2.28a)$$

$$Q_{1,n-3}^i = -R_i(U_{11}B_{i+1} + U_{12}B_i) \qquad (2.28b)$$

$$Q_{1,n-2}^i = -R_i(U_{13}B_{i+1} + U_{14}B_i) \qquad (2.28c)$$

$$Q_{1,n-1}^i = -R_i(U_{15}B_{i+1} + U_{16}B_i) \qquad (2.28d)$$

$$Q_{1,n}^i = R_i(U_{17}B_{i+1} + U_{18}B_i) \qquad (2.28e)$$

$$Q_{1,n+1}^i = R_i(U_{19}B_{i+1} + U_{20}B_i) \qquad (2.28f)$$

铣削系统在一个周期 T 内的状态转移矩阵 ψ_3 如式（2.29）所示：

$$\psi_3 = Q_n Q_{n-1} \cdots Q_1 \qquad (2.29)$$

根据弗洛凯定理可以确定铣削系统的稳定边界。

2.4.3　收敛速度分析

为便于表达，将采用三阶埃尔米特插值多项式逼近状态项 $X(t)$、采用三阶牛顿插值多项式逼近时滞项 $X(t-\tau)$ 与采用一阶牛顿插值多项式逼近周期系数项 $B(t)$ 的方法称为"三阶埃尔米特–牛顿方法（3rdH–NAM）"；将采用三阶埃尔米特插值多项式逼近状态项 $X(t)$、采用四阶牛顿插值多项式逼近时滞项 $X(t-\tau)$ 与采用一阶牛顿插值多项式逼近周期系数项 $B(t)$ 的方法称为"四阶埃尔米特–牛顿插值法（4thH–NAM）"。

采用单自由度系统分析顺铣状态下不同方法的收敛速度。系统参数如 2.2.3 节所示。三阶埃尔米特–牛顿插值法（3rdH–NAM）、四阶埃尔米特–牛顿插值法（4thH–NAM）、一阶半离散法（1stSDM）[46]、三阶全离散法（3rdFDM）[50]、三阶埃尔米特插值法（3rdHAM）[54]在不同主轴转速与轴向切深下的收敛速度如图 2.2 所示。从图 2.2 可以看出，与一阶半离散法（1stSDM）[46]、三阶

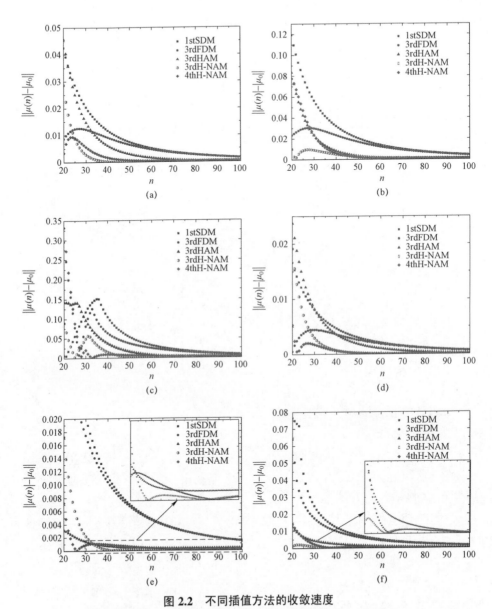

图 2.2 不同插值方法的收敛速度

（a）$n_s = 5\,000$ r/min，$a_p = 0.2$ mm，$|\mu_0| = 0.819\,2$；（b）$n_s = 5\,000$ r/min，$a_p = 0.5$ mm，$|\mu_0| = 1.072\,6$；

（c）$n_s = 6\,800$ r/min，$a_p = 2.7$ mm，$|\mu_0| = 0.996\,6$；（d）$n_s = 5\,000$ r/min，$a_p = 0.1$ mm，$|\mu_0| = 0.736\,8$；

（e）$n_s = 1\,000$ r/min，$a_p = 1.5$ mm，$|\mu_0| = 1.336\,0$；（f）$n_s = 1\,200$ r/min，$a_p = 1.5$ mm，$|\mu_0| = 0.894\,5$

全离散法（3rdFDM）[50]、三阶埃尔米特插值法（3rdHAM）[54]相比，三阶埃尔米特－牛顿插值法（3rdH－NAM）与四阶埃尔米特－牛顿插值法（4thH－NAM）具有更高的收敛速度；相对于四阶埃尔米特－牛顿插值法（4thH－NAM），三阶埃尔米特－牛顿插值法（3rdH－NAM）的收敛速度更快，表明该方法具有更好的计算效果。

2.5　应用高阶牛顿插值法逼近周期系数项

上述分析表明采用三阶埃尔米特插值多项式逼近状态项 $X(t)$ 与三阶牛顿插值多项式逼近时滞项 $X(t-\tau)$ 时能够获得最快的收敛速度。在现有的全离散方法中，研究者往往采用线性插值逼近周期系数项 $B(t)$。本节为研究高阶插值方法逼近周期系数项 $B(t)$ 对收敛速度的影响，采用二阶牛顿插值多项式逼近周期系数项 $B(t)$，分别采用三阶埃尔米特插值多项式与三阶牛顿插值多项式逼近状态项 $X(t)$ 与时滞项 $X(t-\tau)$。

2.5.1　应用二阶牛顿插值法逼近周期系数项

用二阶牛顿插值多项式逼近周期系数项 $B(t)$ 时，其表达式如式（2.30）所示：

$$B(t) \approx a_5 B_i + b_5 B_{i+1} + c_5 B_{i+2} \tag{2.30}$$

式中，a_5、b_5、c_5 如下：

$$a_5 = \left(1 + \frac{t^2}{2\Delta t^2} - \frac{3t}{2\Delta t} \right) I \tag{2.30a}$$

$$b_5 = \left(\frac{2t}{\Delta t} - \frac{t^2}{\Delta t^2} \right) I \tag{2.30b}$$

$$c_5 = \left(\frac{t^2}{2\Delta t^2} - \frac{t}{2\Delta t} \right) I \tag{2.30c}$$

将式（2.19）、式（2.20）、式（2.30）代入式（2.6），可得

$$X_{i+1} = V_i \begin{bmatrix} (e^{A\Delta t} + Y_{14}B_i + Y_{15}B_{i+1} + Y_{16}B_{i+2})X_i - \\ (Y_{17}B_i + Y_{18}B_{i+1} + Y_{19}B_{i+2})X_{i-n+3} - \\ (Y_{20}B_i + Y_{21}B_{i+1} + Y_{22}B_{i+2})X_{i-n+2} + \\ (Y_{23}B_i + Y_{24}B_{i+1} + Y_{25}B_{i+2})X_{i-n+1} + \\ (Y_{26}B_i + Y_{27}B_{i+1} + Y_{28}B_{i+2})X_{i-n} \end{bmatrix} \tag{2.31}$$

在式（2.31）中，相关符号的具体表达如下所示：

$$V_i = [I - (Y_{11}B_i + Y_{12}B_{i+1} + Y_{13}B_{i+2})]^{-1} \qquad (2.31a)$$

$$Y_{11} = \left(\frac{A}{2\Delta t^4} + \frac{B_{i+1}}{2\Delta t^4} - \frac{I}{\Delta t^5}\right)F_5 + \left(\frac{9I}{2\Delta t^4} - \frac{2A}{\Delta t^3} - \frac{2B_{i+1}}{\Delta t^3}\right)F_4 +$$

$$\left(\frac{5A}{2\Delta t^2} + \frac{5B_{i+1}}{2\Delta t^2} - \frac{13I}{2\Delta t^3}\right)F_3 + \left(\frac{3I}{\Delta t^2} - \frac{A}{\Delta t} - \frac{B_{i+1}}{\Delta t}\right)F_2 \qquad (2.31b)$$

$$Y_{12} = \left(-\frac{A}{\Delta t^4} + \frac{2I}{\Delta t^5} - \frac{B_{i+1}}{\Delta t^4}\right)F_5 + \left(-\frac{7I}{\Delta t^4} + \frac{3A}{\Delta t^3} + \frac{3B_{i+1}}{\Delta t^3}\right) \cdot$$

$$F_4 + \left(-\frac{2B_{i+1}}{\Delta t^2} + \frac{6I}{\Delta t^3} - \frac{2A}{\Delta t^2}\right)F_3 \qquad (2.31c)$$

$$Y_{13} = \left(\frac{A}{2\Delta t^4} + \frac{B_{i+1}}{2\Delta t^4} - \frac{I}{\Delta t^5}\right)F_5 + \left(-\frac{A}{\Delta t^3} - \frac{B_{i+1}}{\Delta t^3} + \frac{5I}{2\Delta t^4}\right)F_4 +$$

$$\left(-\frac{3I}{2\Delta t^3} + \frac{A}{2\Delta t^2} + \frac{B_{i+1}}{2\Delta t^2}\right)F_3$$

$$(2.31d)$$

$$Y_{14} = F_0 + \left(\frac{B_i}{2\Delta t^4} + \frac{I}{\Delta t^5} + \frac{A}{2\Delta t^4}\right)F_5 + \left(-\frac{9I}{2\Delta t^4} - \frac{5B_i}{2\Delta t^3} - \frac{5A}{2\Delta t^3}\right)F_4 +$$

$$\left(\frac{9B_i}{2\Delta t^2} + \frac{13I}{2\Delta t^3} + \frac{9A}{2\Delta t^2}\right)F_3 + \left(-\frac{7B_i}{2\Delta t} - \frac{7A}{2\Delta t} - \frac{5I}{2\Delta t^2}\right)F_2 + \left(-\frac{3I}{2\Delta t} + B_i + A\right)F_1$$

$$(2.31e)$$

$$Y_{15} = \left(-\frac{B_i}{\Delta t^4} - \frac{A}{\Delta t^4} - \frac{2I}{\Delta t^5}\right)F_5 + \left(\frac{4A}{\Delta t^3} + \frac{4B_i}{\Delta t^3} + \frac{7I}{\Delta t^4}\right)F_4 +$$

$$\left(-\frac{5B_i}{\Delta t^2} - \frac{6I}{\Delta t^3} - \frac{5A}{\Delta t^2}\right)F_3 + \left(\frac{2B_i}{\Delta t} - \frac{I}{\Delta t^2} + \frac{2A}{\Delta t}\right)F_2 + \frac{2}{\Delta t}F_1 \qquad (2.31f)$$

$$Y_{16} = \left(\frac{B_i}{2\Delta t^4} + \frac{A}{2\Delta t^4} + \frac{I}{\Delta t^5}\right)F_5 + \left(-\frac{3A}{2\Delta t^3} - \frac{3B_i}{2\Delta t^3} - \frac{5I}{2\Delta t^4}\right)F_4 +$$

$$\left(\frac{3B_i}{2\Delta t^2} + \frac{3I}{2\Delta t^3} + \frac{3A}{2\Delta t^2}\right)F_3 + \left(\frac{I}{2\Delta t^2} - \frac{B_i}{2\Delta t} - \frac{A}{2\Delta t}\right)F_2 - \frac{1}{2\Delta t}F_1$$

$$(2.31g)$$

$$Y_{17} = \frac{1}{12\Delta t^5} F_5 - \frac{1}{2\Delta t^4} F_4 + \frac{13}{12\Delta t^3} F_3 - \frac{1}{\Delta t^2} F_2 - \frac{1}{3\Delta t} F_1 \quad (2.31\text{h})$$

$$Y_{18} = -\frac{1}{6\Delta t^5} F_5 + \frac{5}{6\Delta t^4} F_4 - \frac{4}{3\Delta t^3} F_3 + \frac{2}{3\Delta t^2} F_2 \quad (2.31\text{i})$$

$$Y_{19} = \frac{1}{12\Delta t^5} F_5 - \frac{1}{3\Delta t^4} F_4 + \frac{5}{12\Delta t^3} F_3 - \frac{1}{6\Delta t^2} F_2 \quad (2.31\text{j})$$

$$Y_{20} = -\frac{1}{4\Delta t^5} F_5 + \frac{7}{4\Delta t^4} F_4 - \frac{17}{4\Delta t^3} F_3 + \frac{17}{4\Delta t^2} F_2 - \frac{3}{2\Delta t} F_1 \quad (2.31\text{k})$$

$$Y_{21} = \frac{1}{2\Delta t^5} F_5 - \frac{3}{\Delta t^4} F_4 + \frac{11}{2\Delta t^3} F_3 - \frac{3}{\Delta t^2} F_2 \quad (2.31\text{l})$$

$$Y_{22} = -\frac{1}{4\Delta t^5} F_5 + \frac{5}{4\Delta t^4} F_4 - \frac{7}{4\Delta t^3} F_3 + \frac{3}{4\Delta t^2} F_2 \quad (2.31\text{m})$$

$$Y_{23} = \left(-\frac{I}{4\Delta t^5} - \frac{B_{i+1}}{2\Delta t^4} \right) F_5 + \left(\frac{2B_{i+1}}{\Delta t^3} + \frac{2I}{\Delta t^4} \right) F_4 + \left(-\frac{5B_{i+1}}{2\Delta t^2} - \frac{23I}{4\Delta t^3} \right) F_3 +$$

$$\left(\frac{B_{i+1}}{\Delta t} + \frac{7I}{\Delta t^2} \right) F_2 - \frac{3}{\Delta t} F_1$$

$$(2.31\text{n})$$

$$Y_{24} = \left(\frac{I}{2\Delta t^5} + \frac{B_{i+1}}{\Delta t^4} \right) F_5 + \left(-\frac{3B_{i+1}}{\Delta t^3} - \frac{7I}{2\Delta t^4} \right) F_4 + \left(\frac{2B_{i+1}}{\Delta t^2} + \frac{8I}{\Delta t^3} \right) \cdot$$

$$F_3 - \frac{6}{\Delta t^2} F_2$$

$$(2.31\text{o})$$

$$Y_{25} = \left(-\frac{I}{4\Delta t^5} - \frac{B_{i+1}}{2\Delta t^4} \right) F_5 + \left(\frac{B_{i+1}}{\Delta t^3} + \frac{3I}{2\Delta t^4} \right) F_4 + \left(-\frac{B_{i+1}}{2\Delta t^2} - \frac{11I}{4\Delta t^3} \right) \cdot$$

$$F_3 + \frac{3}{2\Delta t^2} F_2$$

$$(2.31\text{p})$$

$$Y_{26} = \left(-\frac{B_i}{2\Delta t^4} + \frac{I}{12\Delta t^5} \right) F_5 + \left(\frac{5B_i}{2\Delta t^3} - \frac{3I}{4\Delta t^4} \right) F_4 + \left(-\frac{9B_i}{2\Delta t^2} + \frac{31I}{12\Delta t^3} \right) \cdot$$

$$F_3 + \left(-\frac{17I}{4\Delta t^2} + \frac{7B_i}{2\Delta t} \right) F_2 + \left(-B_i + \frac{10I}{3\Delta t} \right) F_1 - F_0$$

$$(2.31\text{q})$$

$$Y_{27} = \left(\frac{B_i}{\Delta t^4} - \frac{I}{6\Delta t^5}\right)F_5 + \left(-\frac{4B_i}{\Delta t^3} + \frac{4I}{3\Delta t^4}\right)F_4 + \left(\frac{5B_i}{\Delta t^2} - \frac{23I}{6\Delta t^3}\right)F_3 + \left(\frac{14I}{3\Delta t^2} - \frac{2B_i}{\Delta t}\right) \cdot$$

$$F_2 - \frac{2}{\Delta t}F_1$$

$$(2.31r)$$

$$Y_{28} = \left(-\frac{B_i}{2\Delta t^4} + \frac{I}{12\Delta t^5}\right)F_5 + \left(\frac{3B_i}{2\Delta t^3} - \frac{7I}{12\Delta t^4}\right)F_4 + \left(-\frac{3B_i}{2\Delta t^2} + \frac{17I}{12\Delta t^3}\right)F_3 +$$

$$\left(-\frac{17I}{12\Delta t^2} + \frac{B_i}{2\Delta t}\right)F_2 + \frac{1}{2\Delta t}F_1$$

$$(2.31s)$$

若 V_i 为非奇异矩阵，根据式（2.31），局部离散映射可以表示为矩阵形式，如式（2.32）所示：

$$\begin{Bmatrix} X_{i+1} \\ X_i \\ X_{i-1} \\ \vdots \\ X_{i+1-n} \end{Bmatrix} = W_i \begin{Bmatrix} X_i \\ X_{i-1} \\ X_{i-2} \\ \vdots \\ X_{i-n} \end{Bmatrix} \qquad (2.32)$$

在式（2.32）中，W_i 如式（2.33）所示：

$$W_i = \begin{bmatrix} W_{11}^i & 0 & \cdots & W_{1,n-2}^i & W_{1,n-1}^i & W_{1,n}^i & W_{1,n+1}^i \\ I & 0 & \cdots & 0 & 0 & 0 & 0 \\ 0 & I & \cdots & 0 & 0 & 0 & 0 \\ \vdots & \vdots & & \vdots & \vdots & \vdots & \vdots \\ 0 & 0 & \cdots & 0 & 0 & I & 0 \end{bmatrix} \qquad (2.33)$$

在式（2.33）中，矩阵 W_{11}^i、$W_{1,n-2}^i$、$W_{1,n-1}^i$、$W_{1,n}^i$、$W_{1,n+1}^i$ 如式（2.33a）～式（2.33e）所示：

$$W_{11}^i = V_i(\mathrm{e}^{A\Delta t} + Y_{14}B_i + Y_{15}B_{i+1} + Y_{16}B_{i+2}) \qquad (2.33a)$$

$$W_{1,n-2}^i = -V_i(Y_{17}B_i + Y_{18}B_{i+1} + Y_{19}B_{i+2}) \qquad (2.33b)$$

$$W_{1,n-1}^i = -V_i(Y_{20}B_i + Y_{21}B_{i+1} + Y_{22}B_{i+2}) \qquad (2.33c)$$

$$W_{1,n}^i = V_i(Y_{23}B_i + Y_{24}B_{i+1} + Y_{25}B_{i+2}) \qquad (2.33d)$$

$$W_{1,n+1}^i = V_i(Y_{26}B_i + Y_{27}B_{i+1} + Y_{28}B_{i+2}) \qquad (2.33e)$$

铣削系统在一个周期 T 内的状态转移矩阵 ψ_4 如式（2.34）所示：

$$\psi_4 = W_n W_{n-1} \cdots W_1 \tag{2.34}$$

根据弗洛凯定理可以确定铣削系统的稳定边界。

2.5.2　收敛速度分析

为便于描述，将采用三阶埃尔米特插值多项式逼近状态项 $X(t)$、采用三阶牛顿插值多项式逼近时滞项 $X(t-\tau)$ 与采用二阶牛顿插值多项式逼近周期系数项 $B(t)$ 的方法命名为"3rdH-N-2nd-NAM"。从图 2.3 的收敛速度图可以看出，采用高阶插值多项式逼近周期系数项并没有提升收敛速度，相反地，收敛速度大幅降低；另外，收敛误差并没有表现出随着参数

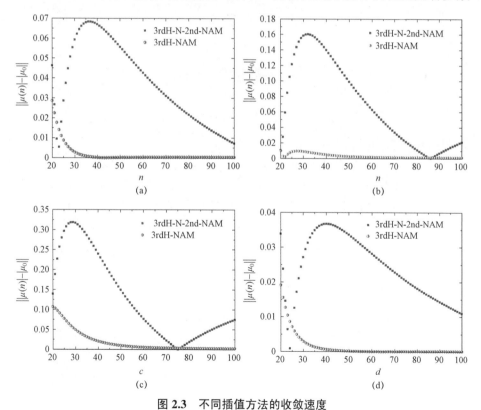

图 2.3　不同插值方法的收敛速度

（a）$n_s = 5\,000$ r/min，$a_p = 0.2$ mm，$|\mu_0| = 0.819\,2$；（b）$n_s = 5\,000$ r/min，$a_p = 0.5$ mm，$|\mu_0| = 1.072\,6$；（c）$n_s = 5\,000$ r/min，$a_p = 1.0$ mm，$|\mu_0| = 1.404\,0$；（d）$n_s = 5\,000$ r/min，$a_p = 0.1$ mm，$|\mu_0| = 0.736\,8$

n 的增大而单调递减的趋势，反而出现较大振荡。这表明用高阶插值多项式逼近周期系数项会降低计算精度。上述分析表明，用三阶埃尔米特插值多项式逼近状态项 $X(t)$、用三阶牛顿插值多项式逼近时滞项 $X(t-\tau)$ 与用线性插值逼近周期系数项 $B(t)$ 时能够获得最快的收敛速度。

2.6 稳定性叶瓣图对比分析

对收敛速度的分析结果表明采用三阶埃尔米特插值多项式逼近状态项 $X(t)$、采用三阶牛顿插值多项式逼近时滞项 $X(t-\tau)$、采用线性插值逼近周期系数项 $B(t)$ 时（即三阶埃尔米特−牛顿插值法）能够获得最快的收敛速度，本节将该方法获得的稳定性叶瓣图与其他方法进行对比分析。

2.6.1 单自由度铣削系统稳定性叶瓣图

研究表明[54]，三阶埃尔米特法（3rdHAM）[54]得到的稳定性叶瓣图比一阶半离散法（1stSDM）[46]、三阶全离散法（3rdFDM）[50]更加接近理想的叶瓣图。因此将三阶埃尔米特−牛顿插值法（3rdH−NAM）与三阶埃尔米特插值法（3rdHAM）[54]进行对比。将二阶全离散法（2ndFMD）[49]在时间区段数 $n=100$ 时获得的稳定性叶瓣图作为标准叶瓣图。叶瓣图轴向切深范围为 $0\sim10$ mm，转速范围为 $5\times10^3\sim25\times10^3$ r/min，其他参数与 2.2.3 节参数相同。计算过程中，将轴向切深与主轴转速划分为 100×100 的网格。

将刀齿通过周期 T 分为 20 等份时（$n=20$），三阶埃尔米特−牛顿插值法（3rdH−NAM）与三阶埃尔米特插值法（3rdHAM）[54]的计算时间分别为 32 s 与 29 s，差别不大。得到的稳定性叶瓣图如图 2.4 所示。从图 2.4 可以看出，三阶埃尔米特−牛顿插值法（3rdH−NAM）比三阶埃尔米特插值法（3rdHAM）[54]更加接近标准叶瓣图，说明三阶埃尔米特−牛顿插值法（3rdH−NAM）在保证计算效率的前提下能够得到更可靠的计算结果。

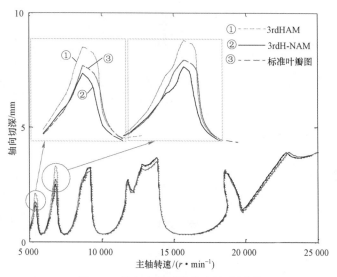

图 2.4　单自由度系统稳定性叶瓣图
（$n=20$，$a_e/D=1$，100×100 网格）

2.6.2　两自由度铣削系统稳定性叶瓣图

实际加工中，刀具的振动方向并不唯一，因此有必要分析提出的三阶埃尔米特－牛顿插值法（3rdH－NAM）在计算两自由度系统稳定性叶瓣图时的效果。将一阶半离散法（1stSDM）[46]在时间离散段 $n=100$ 时获得的稳定性叶瓣图作为标准叶瓣图，其他参数与 2.2.3 节参数相同。

三阶埃尔米特－牛顿插值法（3rdH－NAM）在不同参数下获得的稳定性叶瓣图如图 2.5 所示。从图 2.5 可以看出，用三阶埃尔米特－牛顿插值法（3rdH－NAM）能够在离散时间段 n 很小的情况下便可获得与标准叶瓣图一致的结果，尤其是在大径向切深状态下，得到的稳定性叶瓣图与理想叶瓣图重合，如图 2.5（d）、图 2.5（e）、图 2.5（f）所示。上述分析表明，该方法同样适用于两自由度铣削系统的稳定性预测，为研究主轴系统－刀具－工件交互效应对铣削稳定性的影响奠定了可靠基础。

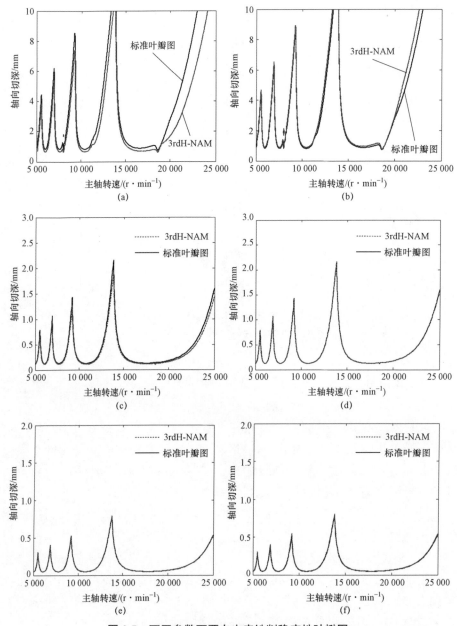

图 2.5 不同参数下两自由度铣削稳定性叶瓣图

（a）$a_e/D=0.1$，$n=30$；（b）$a_e/D=0.1$，$n=50$；（c）$a_e/D=0.5$，$n=30$；

（d）$a_e/D=0.5$，$n=50$；（e）$a_e/D=1$，$n=30$；（f）$a_e/D=1$，$n=50$

2.7　本章小结

本章分别用不同阶数的插值多项式逼近铣削动力学方程的状态项、时滞项与周期系数项，对铣削动力学方程进行求解，研究了用高阶插值多项式逼近状态项、时滞项与周期系数项对收敛速度的影响，提出了新的铣削稳定性叶瓣图计算方法——三阶埃尔米特 – 牛顿插值法（3rdH – NAM）。通过本章研究得到的主要结论如下：

（1）采用高于三阶的埃尔米特插值多项式逼近状态项不会提高计算结果的收敛速度，这是因为采用埃尔米特插值法逼近状态项时，周期系数项均存在于状态项与状态项的导数项中，随着插值阶数的增大，累积误差随之增大，所以收敛速度有所下降。

（2）当采用三阶埃尔米特插值多项式逼近状态项时，用三阶牛顿插值多项式逼近时滞项能够得到较快的收敛速度，用高阶插值多项式逼近周期系数项时，收敛速度降低并产生较大的振荡。

（3）提出一种铣削稳定性叶瓣图计算方法——三阶埃尔米特 – 牛顿插值法（3rdH – NAM），本方法用三阶埃尔米特插值多项式逼近铣削动力学方程的状态项、用三阶牛顿插值多项式逼近时滞项、用一阶牛顿插值多项式逼近周期系数项，结果表明与现有方法相比，本方法具有更快的收敛速度与更高的计算精度，为研究主轴系统 – 刀具 – 工件交互效应对铣削稳定性的影响奠定了可靠基础。

第 **3** 章

包含刀具–工件交互效应的三轴
铣削动力学模型

3.1 引　言

　　铣削加工是刀具与工件直接交互的过程，两者彼此影响，材料去除过程中不仅会产生再生效应，也存在刀具结构模态耦合与过程阻尼。基于再生效应建立的铣削动力学模型将再生效应视为影响加工稳定性的主要因素，忽略其他因素的影响，因此在复杂工况下无法全面反映实际的铣削状态。为更加准确地分析铣削状态，本章建立了综合考虑再生效应、刀具结构模态耦合与过程阻尼多种效应耦合的三轴侧铣（立铣刀）与三轴球头铣削（球头铣刀）动力学模型。

3.2　确定模态坐标系

相比于刚性较大的工件，可将刀具看作柔性系统。假设刀具在垂直于轴线的平面上有两个相互垂直的自由度，将模态坐标系 $O_M-X_MY_MZ_M$ 附着在刀具上，模态坐标系的 X_M 轴与 Y_M 轴分别与两个激励方向相同，Z_M 沿着刀轴方向。在三轴铣削过程中，因为无刀轴倾角，可假设模态坐标系与刀具坐标系重合，如图 3.1 所示。

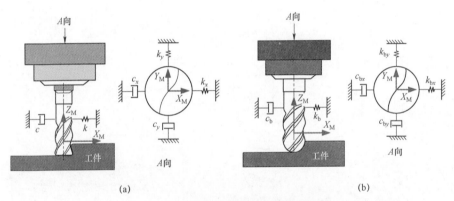

图 3.1　三轴铣削系统模态坐标系示意图
（a）三轴侧铣模态坐标系；（b）三轴球头铣削模态坐标系

3.3　包含刀具－工件交互效应的
三轴侧铣动力学模型

再生效应[36]、刀具结构模态耦合[76]与过程阻尼[77]是刀具－工件直接交互产生的三种典型效应，对铣削系统稳定性均有一定的影响，为得到更加准确的铣削动力学模型，基于再生效应、刀具结构模态耦合与过程阻尼的产生机理，提出考虑再生效应、刀具结构模态耦合与过程阻尼的三轴侧铣动力学模型。

3.3.1　包含再生效应与结构模态耦合的三轴侧铣动力学模型

再生效应是由于切屑厚度与切削力的动态变化引起的[36]，与前、后刀齿形成的工件表面相位差有关。如图 3.2 所示，在铣削过程中，前一刀齿的振动会在工件表面留下波纹，当下一刀齿切削工件时，工件表面的波纹会使切削厚度与切削力发生变化，最终导致颤振的发生[36]。

刀具结构模态耦合，是指刀具在受到 x 向或 y 向激励时，刀具同时在平行于激励与垂直于激励的方向产生响应[76]，即第 2 章的两自由度铣削动力学模型中模态质量矩阵、阻尼矩阵与模态刚度矩阵的非对角项不再为零。考虑刀具结构模态耦合的两自由度铣削动力学模型如下式所示：

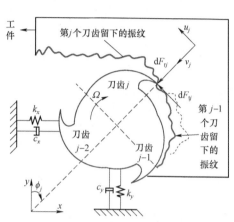

图 3.2　铣削模型示意图[36,37]

$$\begin{bmatrix} m_x & m_{xy} \\ m_{yx} & m_y \end{bmatrix}\begin{bmatrix} \ddot{x}(t) \\ \ddot{y}(t) \end{bmatrix} + \begin{bmatrix} c_x & c_{xy} \\ c_{yx} & c_y \end{bmatrix}\begin{bmatrix} \dot{x}(t) \\ \dot{y}(t) \end{bmatrix} + \begin{bmatrix} k_x & k_{xy} \\ k_{yx} & k_y \end{bmatrix}\begin{bmatrix} x(t) \\ y(t) \end{bmatrix} = \begin{bmatrix} F_x(t) \\ F_y(t) \end{bmatrix}$$

（3.1）

式中，m、c 与 k 分别为模态质量、阻尼与模态刚度。下标"x"表示因 x 方向受到激励沿 x 向产生的响应；下标"y"表示因 y 方向受到激励沿 y 向产生的响应；下标"xy"表示因 x 方向受到激励沿 y 产生的响应；下标"yx"表示因 y 方向受到激励沿 x 向产生的响应。$F_x(t)$ 与 $F_y(t)$ 为切削力，如下所示[76]：

$$F_x(t) = \sum_{j=1}^{N}\int_0^{a_p} g[\phi_j(t)][f_j(t)]\{K_{tc}\cos[\phi_j(t)] + K_{rc}\sin[\phi_j(t)]\}\mathrm{d}z +$$
$$\sum_{j=1}^{N}\int_0^{a_p} g[\phi_j(t)]\{K_{te}\cos[\phi_j(t)] + K_{re}\sin[\phi_j(t)]\}\mathrm{d}z$$

（3.2）

$$F_y(t) = \sum_{j=1}^{N} \int_0^{a_p} g[\phi_j(t)][f_j(t)]\{-K_{tc}\sin[\phi_j(t)] + K_{rc}\cos[\phi_j(t)]\}\mathrm{d}z +$$

$$\sum_{j=1}^{N} \int_0^{a_p} g[\phi_j(t)]\{-K_{te}\sin[\phi_j(t)] + K_{re}\cos[\phi_j(t)]\}\mathrm{d}z \qquad (3.3)$$

式中，K_{tc} 与 K_{rc} 分别为切向与径向切削力系数；K_{te} 与 K_{re} 分别为切向与径向刃口力系数；a_p 为轴向切深。

$$f_j(t) = [f_z + x(t-T) - x(t)]\sin[\phi_j(t)] + [y(t-T) - y(t)]\cos[\phi_j(t)] \qquad (3.4)$$

$$\phi_j(t) = \frac{2\pi n_s}{60}t + (j-1)\frac{2\pi}{N} \qquad (3.5)$$

$$g[\phi_j(t)] = \begin{cases} 1, & \phi_{st} < \phi_j(t) < \phi_{ex} \\ 0, & \text{其他} \end{cases} \qquad (3.6)$$

式中，f_z 为每齿进给量；T 为刀齿通过周期，$T = 60/(N \cdot n_s)$；n_s 为主轴转速（r/min）；N 为刀齿数。ϕ_{st} 与 ϕ_{ex} 分别为切入角与切出角。Altintas 等[39,87] 的研究表明在螺旋角恒定的情况下，其对稳定性影响不大，可以忽略，因此本节不考虑螺旋角的影响。

将式（3.2）、式（3.3）代入式（3.1），可得到以下方程：

$$\begin{bmatrix} m_x & m_{xy} \\ m_{yx} & m_y \end{bmatrix}\begin{bmatrix} \ddot{x}(t) \\ \ddot{y}(t) \end{bmatrix} + \begin{bmatrix} c_x & c_{xy} \\ c_{yx} & c_y \end{bmatrix}\begin{bmatrix} \dot{x}(t) \\ \dot{y}(t) \end{bmatrix} + \begin{bmatrix} k_x & k_{xy} \\ k_{yx} & k_y \end{bmatrix}\begin{bmatrix} x(t) \\ y(t) \end{bmatrix} = \begin{bmatrix} -a_p h_{xx} & -a_p h_{xy} \\ -a_p h_{yx} & -a_p h_{yy} \end{bmatrix} \cdot$$

$$\begin{bmatrix} x(t) \\ y(t) \end{bmatrix} - \begin{bmatrix} -a_p h_{xx} & -a_p h_{xy} \\ -a_p h_{yx} & -a_p h_{yy} \end{bmatrix}\begin{bmatrix} x(t-T) \\ y(t-T) \end{bmatrix} + \boldsymbol{F}_{静态} \qquad (3.7)$$

式中，$\boldsymbol{F}_{静态}$ 为静态力，其具体形式如文献[76]所示。由于其与颤振无关，因此可以省略[58,76,104]，则式（3.7）可写为以下形式：

$$\begin{bmatrix} m_x & m_{xy} \\ m_{yx} & m_y \end{bmatrix}\begin{bmatrix} \ddot{x}(t) \\ \ddot{y}(t) \end{bmatrix} + \begin{bmatrix} c_x & c_{xy} \\ c_{yx} & c_y \end{bmatrix}\begin{bmatrix} \dot{x}(t) \\ \dot{y}(t) \end{bmatrix} + \begin{bmatrix} k_x & k_{xy} \\ k_{yx} & k_y \end{bmatrix}\begin{bmatrix} x(t) \\ y(t) \end{bmatrix} = \begin{bmatrix} -a_p h_{xx} & -a_p h_{xy} \\ -a_p h_{yx} & -a_p h_{yy} \end{bmatrix} \cdot$$

$$\begin{bmatrix} x(t) \\ y(t) \end{bmatrix} - \begin{bmatrix} -a_p h_{xx} & -a_p h_{xy} \\ -a_p h_{yx} & -a_p h_{yy} \end{bmatrix}\begin{bmatrix} x(t-T) \\ y(t-T) \end{bmatrix} \qquad (3.8)$$

在式（3.8）中，h_{xx}、h_{xy}、h_{yx}、h_{yy} 为与切削力有关的方程，如下

所示：

$$h_{xx} = \sum_{j=1}^{N} g[\phi_j(t)]\sin[\phi_j(t)]\{K_{tc}\cos[\phi_j(t)] + K_{rc}\sin[\phi_j(t)]\} \quad （3.8a）$$

$$h_{xy} = \sum_{j=1}^{N} g[\phi_j(t)]\cos[\phi_j(t)]\{K_{tc}\cos[\phi_j(t)] + K_{rc}\sin[\phi_j(t)]\} \quad （3.8b）$$

$$h_{yx} = \sum_{j=1}^{N} g[\phi_j(t)]\sin[\phi_j(t)]\{-K_{tc}\sin[\phi_j(t)] + K_{rc}\cos[\phi_j(t)]\} \quad （3.8c）$$

$$h_{yy} = \sum_{j=1}^{N} g[\phi_j(t)]\cos[\phi_j(t)]\{-K_{tc}\sin[\phi_j(t)] + K_{rc}\cos[\phi_j(t)]\} \quad （3.8d）$$

定义 $\boldsymbol{U} = [x(t) \quad y(t) \quad \dot{x}(t) \quad \dot{y}(t)]^{\mathrm{T}}$，则式（3.8）可表示为以下包含刀具结构模态耦合的状态空间形式：

$$\dot{\boldsymbol{U}}(t) = \boldsymbol{A}_0 \cdot \boldsymbol{U}(t) + \boldsymbol{L}(t)[\boldsymbol{U}(t) - \boldsymbol{U}(t - \tau)] \quad （3.9）$$

式中，$\boldsymbol{A}_0$ 为与模态质量、模态刚度、系统阻尼有关的常数项矩阵；$\boldsymbol{L}$ 为与切深、切削力等有关的周期系数项矩阵，如下所示：

$$\boldsymbol{A}_0 = \begin{bmatrix} 0 & 0 & 1 & 0 \\ 0 & 0 & 0 & 1 \\ p_1 & p_2 & e_1 & e_2 \\ p_3 & p_4 & e_3 & e_4 \end{bmatrix}; \quad \boldsymbol{L}(t) = \begin{bmatrix} 0 & 0 & 0 & 0 \\ 0 & 0 & 0 & 0 \\ o_1 & o_2 & 0 & 0 \\ o_3 & o_4 & 0 & 0 \end{bmatrix} \quad （3.10）$$

在式（3.10）中，相关参数的表达如下：

$$p_1 = \frac{-m_y k_x + m_{xy} k_{yx}}{m_x m_y - m_{xy} m_{yx}} \quad （3.10a）$$

$$p_2 = \frac{-m_y k_{xy} + m_{xy} k_y}{m_x m_y - m_{xy} m_{yx}} \quad （3.10b）$$

$$p_3 = \frac{m_{yx} k_x - m_x k_{yx}}{m_x m_y - m_{xy} m_{yx}} \quad （3.10c）$$

$$p_4 = \frac{m_{yx} k_{xy} - m_x k_y}{m_x m_y - m_{xy} m_{yx}} \quad （3.10d）$$

$$e_1 = \frac{-m_y c_x + m_{xy} c_{yx}}{m_x m_y - m_{xy} m_{yx}} \quad （3.10e）$$

$$e_2 = \frac{-m_y c_{xy} + m_{xy} c_y}{m_x m_y - m_{xy} m_{yx}} \qquad (3.10\text{f})$$

$$e_3 = \frac{m_{yx} c_x - m_x c_{yx}}{m_x m_y - m_{xy} m_{yx}} \qquad (3.10\text{g})$$

$$e_4 = \frac{m_{yx} c_{xy} - m_x c_y}{m_x m_y - m_{xy} m_{yx}} \qquad (3.10\text{h})$$

$$o_1 = \frac{-m_y a_p h_{xx} + m_{xy} a_p h_{yx}}{m_x m_y - m_{xy} m_{yx}} \qquad (3.10\text{i})$$

$$o_2 = \frac{-m_y a_p h_{xy} + m_{xy} a_p h_{yy}}{m_x m_y - m_{xy} m_{yx}} \qquad (3.10\text{g})$$

$$o_3 = \frac{m_{yx} a_p h_{xx} - m_x a_p h_{yx}}{m_x m_y - m_{xy} m_{yx}} \qquad (3.10\text{k})$$

$$o_4 = \frac{m_{yx} a_p h_{xy} - m_x a_p h_{yy}}{m_x m_y - m_{xy} m_{yx}} \qquad (3.10\text{l})$$

3.3.2 包含再生效应、结构模态耦合与过程阻尼的三轴侧铣动力学模型

切削过程中，颤振发生后会导致振幅增大，此时后刀面与工件的犁耕效应增强，发生干涉，形成侵入面积（见图 3.3），阻力增大，从而对颤振起到抑制作用[106]。这种由于后刀面干涉形成的阻力即过程阻尼力。

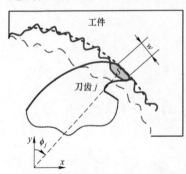

图 3.3 过程阻尼产生机理示意图

Ahmadi 等[102]指出，径向犁耕力与后刀面下方挤压材料的体积成比例关系，如式（3.11）所示：

$$F_{\text{pd},r} = g(\phi_j) \cdot K_{\text{sp}} \cdot a_p \cdot S \qquad (3.11)$$

式中，K_{sp} 为压痕力系数；S 为受挤压材料的横截面面积。w 为刀刃磨损带宽度，如图 3.3 所示。切向犁耕力可通过库伦摩擦理论表示，如式（3.12）所示。

$$F_{\mathrm{pd,t}} = \mu \cdot F_{\mathrm{pd,r}} \tag{3.12}$$

式中，μ 为与工件材料、切削条件有关的库伦摩擦系数。Ahmadi 等[102]的研究表明，过程阻尼效应可用等效的线性黏滞阻尼器表示[102]。

$$F_{\mathrm{pd,r}} \approx C_{\mathrm{eq}} \cdot \dot{r}(t) \tag{3.13}$$

式中，$\dot{r}(t) = \dot{x}(t)\sin[\phi_j(t)] + \dot{y}(t)\cos[\phi_j(t)]$；$C_{\mathrm{eq}}$ 为与压痕力有关的项，其具体的表达式为 $C_{\mathrm{eq}} = K_{\mathrm{sp}} a_{\mathrm{p}} w^2 / (4v)$，$v$ 为切向速度，$v = \pi D n_{\mathrm{s}} / 60$，$D$ 为刀具直径。将过程阻尼力投影到 x 与 y 方向，如式（3.14）所示：

$$\boldsymbol{F}_{\mathrm{p}} = \begin{bmatrix} F_{\mathrm{p},x} \\ F_{\mathrm{p},y} \end{bmatrix} = \sum_{j=1}^{N} \begin{bmatrix} -\cos\phi_j & -\sin\phi_j \\ \sin\phi_j & -\cos\phi_j \end{bmatrix} \begin{bmatrix} F_{\mathrm{pd,t}} \\ F_{\mathrm{pd,r}} \end{bmatrix} \tag{3.14}$$

$$\begin{bmatrix} F_{\mathrm{pd,t}} \\ F_{\mathrm{pd,r}} \end{bmatrix} = g(\phi_j) C_{\mathrm{eq}} \begin{bmatrix} \mu \\ 1 \end{bmatrix} \begin{bmatrix} \sin\phi_j & \cos\phi_j \end{bmatrix} \begin{bmatrix} \dot{x}(t) \\ \dot{y}(t) \end{bmatrix} \tag{3.14a}$$

为便于表达，将式（3.14）整理为以下形式：

$$\boldsymbol{F}_{\mathrm{p}} = \begin{bmatrix} F_{\mathrm{p},x} \\ F_{\mathrm{p},y} \end{bmatrix} = -C_{\mathrm{eq}} \begin{bmatrix} c_{\mathrm{p},x} & c_{\mathrm{p},xy} \\ c_{\mathrm{p},yx} & c_{\mathrm{p},y} \end{bmatrix} \begin{bmatrix} \dot{x}(t) \\ \dot{y}(t) \end{bmatrix} \tag{3.15}$$

式中

$$c_{\mathrm{p},x} = \sum_{j=1}^{N} g(\phi_j) \sin\phi_j (\sin\phi_j + \mu\cos\phi_j) \tag{3.15a}$$

$$c_{\mathrm{p},xy} = \sum_{j=1}^{N} g(\phi_j) \cos\phi_j (\sin\phi_j + \mu\cos\phi_j) \tag{3.15b}$$

$$c_{\mathrm{p},yx} = \sum_{j=1}^{N} g(\phi_j) \sin\phi_j (\cos\phi_j - \mu\sin\phi_j) \tag{3.15c}$$

$$c_{\mathrm{p},y} = \sum_{j=1}^{N} g(\phi_j) \cos\phi_j (\cos\phi_j - \mu\sin\phi_j) \tag{3.15d}$$

根据以上推导，综合考虑再生效应、刀具结构模态耦合与过程阻尼的两自由度三轴侧铣动力学方程如式（3.16）所示：

$$\begin{bmatrix} m_x & m_{xy} \\ m_{yx} & m_y \end{bmatrix} \begin{bmatrix} \ddot{x}(t) \\ \ddot{y}(t) \end{bmatrix} + \begin{bmatrix} c_x & c_{xy} \\ c_{yx} & c_y \end{bmatrix} \begin{bmatrix} \dot{x}(t) \\ \dot{y}(t) \end{bmatrix} + \begin{bmatrix} k_x & k_{xy} \\ k_{yx} & k_y \end{bmatrix} \begin{bmatrix} x(t) \\ y(t) \end{bmatrix} = \begin{bmatrix} F_x(t) \\ F_y(t) \end{bmatrix} + \begin{bmatrix} F_{\mathrm{p},x}(t) \\ F_{\mathrm{p},y}(t) \end{bmatrix} \tag{3.16}$$

将式（3.2）、式（3.3）、式（3.15）代入式（3.16），忽略静态力的影响，可得到以下方程：

$$\begin{bmatrix} m_x & m_{xy} \\ m_{yx} & m_y \end{bmatrix}\begin{bmatrix} \ddot{x}(t) \\ \ddot{y}(t) \end{bmatrix} + \begin{bmatrix} c_x & c_{xy} \\ c_{yx} & c_y \end{bmatrix}\begin{bmatrix} \dot{x}(t) \\ \dot{y}(t) \end{bmatrix} + C_{eq}\begin{bmatrix} c_{p,x} & c_{p,xy} \\ c_{p,yx} & c_{p,y} \end{bmatrix}\begin{bmatrix} \dot{x}(t) \\ \dot{y}(t) \end{bmatrix} +$$

$$\begin{bmatrix} k_x & k_{xy} \\ k_{yx} & k_y \end{bmatrix}\begin{bmatrix} x(t) \\ y(t) \end{bmatrix} = \begin{bmatrix} -a_p h_{xx} & -a_p h_{xy} \\ -a_p h_{yx} & -a_p h_{yy} \end{bmatrix}\begin{bmatrix} x(t) \\ y(t) \end{bmatrix} - \begin{bmatrix} -a_p h_{xx} & -a_p h_{xy} \\ -a_p h_{yx} & -a_p h_{yy} \end{bmatrix}\begin{bmatrix} x(t-T) \\ y(t-T) \end{bmatrix}$$

$$(3.17)$$

定义 $U = \begin{bmatrix} x(t) & y(t) & \dot{x}(t) & \dot{y}(t) \end{bmatrix}^{\mathrm{T}}$，则式（3.17）可变换为以下状态空间形式：

$$\dot{U}(t) = A_0 U(t) + R(t)U(t) - L(t)U(t-\tau) \qquad (3.18)$$

式中，A_0、R、L 如下：

$$A_0 = \begin{bmatrix} 0 & 0 & 1 & 0 \\ 0 & 0 & 0 & 1 \\ p_1 & p_2 & e_1 & e_2 \\ p_3 & p_4 & e_3 & e_4 \end{bmatrix}; \quad R(t) = \begin{bmatrix} 0 & 0 & 0 & 0 \\ 0 & 0 & 0 & 0 \\ o_1 & o_2 & f_1 \cdot C_{eq} & f_2 \cdot C_{eq} \\ o_3 & o_4 & f_3 \cdot C_{eq} & f_4 \cdot C_{eq} \end{bmatrix};$$

$$L(t) = \begin{bmatrix} 0 & 0 & 0 & 0 \\ 0 & 0 & 0 & 0 \\ o_1 & o_2 & 0 & 0 \\ o_3 & o_4 & 0 & 0 \end{bmatrix} \qquad (3.19)$$

式中，p_1、p_2、p_3、p_4、e_1、e_2、e_3、e_4、o_1、o_2、o_3、o_4 如式（3.10a）～式（3.10l）所示；参数 f_1、f_2、f_3、f_4 为与过程阻尼有关的项，如下：

$$f_1 = \frac{-m_y \cdot c_{p,x} + m_{xy} \cdot c_{p,yx}}{\left| m_x m_y - m_{xy} m_{yx} \right|} \qquad (3.19a)$$

$$f_2 = \frac{-m_y \cdot c_{p,xy} + m_{xy} \cdot c_{p,y}}{\left| m_x m_y - m_{xy} m_{yx} \right|} \qquad (3.19b)$$

$$f_3 = \frac{m_{yx} \cdot c_{p,x} - m_x \cdot c_{p,yx}}{\left| m_x m_y - m_{xy} m_{yx} \right|} \qquad (3.19c)$$

$$f_4 = \frac{m_{yx} \cdot c_{p,xy} - m_x \cdot c_{p,y}}{\left| m_x m_y - m_{xy} m_{yx} \right|} \qquad (3.19d)$$

3.4　包含刀具–工件交互效应的三轴球头铣削动力学模型

3.4.1　包含再生效应与结构模态耦合的三轴球头铣削动力学模型

在刀具坐标系下，沿刀轴方向将刀具离散为 l 层微分单元，Lee 与 Altintas[124]的研究表明可以将每个微分单元内的切削刃近似看作直切或斜切状态。每个切削刃微分单元上的切削力可分解为切向力 $\mathrm{d}F_\mathrm{t}$、径向力 $\mathrm{d}F_\mathrm{r}$ 与轴向力 $\mathrm{d}F_\mathrm{a}$，如图 3.4（c）所示。铣刀每层微分单元上三个方向的切削力如下：

$$\mathrm{d}F_\mathrm{r} = K_\mathrm{re}\mathrm{d}S_1 + K_\mathrm{rc}h_\mathrm{uct}\mathrm{d}b$$
$$\mathrm{d}F_\mathrm{t} = K_\mathrm{te}\mathrm{d}S_1 + K_\mathrm{tc}h_\mathrm{uct}\mathrm{d}b \qquad (3.20)$$
$$\mathrm{d}F_\mathrm{a} = K_\mathrm{ae}\mathrm{d}S_1 + K_\mathrm{ac}h_\mathrm{uct}\mathrm{d}b$$

式中，K_te、K_re 与 K_ae 为刃口力系数；K_tc、K_rc 与 K_ac 为剪切力系数；$\mathrm{d}S_1$ 为切削刃微分单元长度；$\mathrm{d}b$ 为未切削区域宽度；h_uct 为单元切削刃处的未切削切屑厚度，如下：

$$h_\mathrm{uct} = \boldsymbol{u} \cdot \boldsymbol{d} \qquad (3.21)$$

式中

$$\boldsymbol{u} = [\sin[\lambda(z)]\sin[\phi_{\mathrm{b},j}(z)] \ \ \sin[\lambda(z)]\cos[\phi_{\mathrm{b},j}(z)] \ -\cos[\lambda(z)]] \quad (3.21\mathrm{a})$$

$$\boldsymbol{d} = \begin{bmatrix} x(t) - x(t-T) \\ y(t) - y(t-T) \\ z(t) - z(t-T) \end{bmatrix} \qquad (3.21\mathrm{b})$$

$$\phi_{\mathrm{b},j}(z) = \frac{2\pi n_\mathrm{s}}{60} \cdot t + (j-1) \cdot \frac{2\pi}{N} - \frac{z\tan\beta}{R} \qquad (3.21\mathrm{c})$$

式中，$\lambda(z)$ 为铣刀球头部分轴向浸入角。刀具坐标系下微分单元的切削力可通过式（3.22）获得[124]：

$$\begin{bmatrix} \mathrm{d}F_x \\ \mathrm{d}F_y \\ \mathrm{d}F_z \end{bmatrix} = g(\phi_{b,j})\boldsymbol{T}\begin{bmatrix} \mathrm{d}F_r \\ \mathrm{d}F_t \\ \mathrm{d}F_a \end{bmatrix} \qquad (3.22)$$

式中，$g(\phi_{b,j})$ 与矩阵 $\boldsymbol{T}$ 的表达式如下：

$$g(\phi_{b,j}) = \begin{cases} 1, & \phi_{b,st} \leqslant \phi_{b,j} \leqslant \phi_{b,ex} \\ 0, & \text{其他} \end{cases} \qquad (3.22a)$$

$$\boldsymbol{T} = \begin{bmatrix} -\sin\lambda\sin\phi_{b,j} & -\cos\phi_{b,j} & -\cos\lambda\sin\phi_{b,j} \\ -\sin\lambda\cos\phi_{b,j} & \sin\phi_{b,j} & -\cos\lambda\cos\phi_{b,j} \\ \cos\lambda & 0 & -\sin\lambda \end{bmatrix} \qquad (3.22b)$$

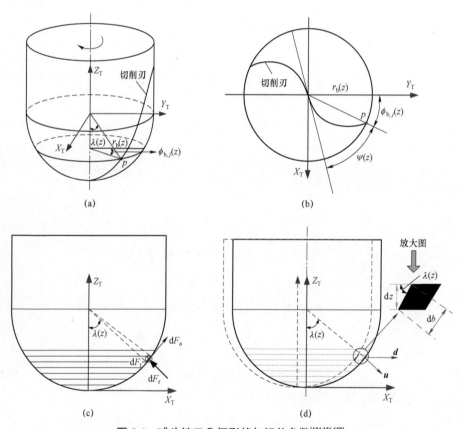

图 3.4　球头铣刀几何形状与相关参数[124,156,158]

（a）球头铣刀示意图；（b）径向滞后角；（c）微分单元切削力；（d）局部放大图

式（3.20）中的刃口力与动态切削力（再生效应）无关，因此可以忽略[58]，则刀具坐标系下微分单元的切削力可改为以下形式：

$$
\begin{bmatrix} \mathrm{d}F_x \\ \mathrm{d}F_y \\ \mathrm{d}F_z \end{bmatrix} = g(\phi_{\mathrm{b},j})\boldsymbol{T} \begin{bmatrix} K_{\mathrm{rc}} \\ K_{\mathrm{tc}} \\ K_{\mathrm{ac}} \end{bmatrix} \cdot \boldsymbol{u} \cdot \boldsymbol{d} \cdot \mathrm{d}b
$$

（3.23）

根据 Altintas 等[124]建立的模型，$\mathrm{d}b = \mathrm{d}z / \sin\lambda$，则式（3.23）可转换为以下形式：

$$
\begin{bmatrix} \mathrm{d}F_x \\ \mathrm{d}F_y \\ \mathrm{d}F_z \end{bmatrix} = g(\phi_j)\frac{\mathrm{d}z}{\sin\lambda}\boldsymbol{T} \begin{bmatrix} K_{\mathrm{rc}} \\ K_{\mathrm{tc}} \\ K_{\mathrm{ac}} \end{bmatrix} \cdot \boldsymbol{u} \cdot \left(\begin{bmatrix} x(t) \\ y(t) \\ z(t) \end{bmatrix} - \begin{bmatrix} x(t-T) \\ y(t-T) \\ z(t-T) \end{bmatrix} \right)
$$

（3.24）

所有切削刃总的动态切削力可通过以下公式计算得到：

$$
\begin{bmatrix} F_x \\ F_y \\ F_z \end{bmatrix} = \sum_{j=1}^{N}\sum_{i=1}^{l}\left(g(\phi_{\mathrm{b},j})\frac{\mathrm{d}z}{\sin\lambda}\boldsymbol{T} \begin{bmatrix} K_{\mathrm{rc}} \\ K_{\mathrm{tc}} \\ K_{\mathrm{ac}} \end{bmatrix} \cdot \boldsymbol{u} \right) \cdot \left(\begin{bmatrix} x(t) \\ y(t) \\ z(t) \end{bmatrix} - \begin{bmatrix} x(t-T) \\ y(t-T) \\ z(t-T) \end{bmatrix} \right)
$$

（3.25）

为便于表达，定义：

$$
\boldsymbol{H}(t) = \sum_{j=1}^{N}\sum_{i=1}^{l}\left(g(\phi_{\mathrm{b},j})\frac{1}{\sin\lambda}\boldsymbol{T} \begin{bmatrix} K_{\mathrm{rc}} \\ K_{\mathrm{tc}} \\ K_{\mathrm{ac}} \end{bmatrix} \cdot \boldsymbol{u} \right) = \sum_{j=1}^{N}\sum_{i=1}^{l}\left(\frac{g(\phi_{\mathrm{b},j})}{\sin\lambda} \begin{bmatrix} q_{11} & q_{12} & q_{13} \\ q_{21} & q_{22} & q_{23} \\ q_{31} & q_{32} & q_{33} \end{bmatrix} \right)
$$

（3.26）

式中

$$
q_{11} = (-\sin\phi_{\mathrm{b},j} \cdot \sin\lambda \cdot K_{\mathrm{rc}} - \cos\phi_{\mathrm{b},j} \cdot K_{\mathrm{tc}} - \sin\phi_{\mathrm{b},j} \cdot \cos\lambda \cdot K_{\mathrm{ac}})\sin\phi_{\mathrm{b},j} \cdot \sin\lambda
$$

（3.26a）

$$
q_{12} = (-\sin\phi_{\mathrm{b},j} \cdot \sin\lambda \cdot K_{\mathrm{rc}} - \cos\phi_{\mathrm{b},j} \cdot K_{\mathrm{tc}} - \sin\phi_{\mathrm{b},j} \cdot \cos\lambda \cdot K_{\mathrm{ac}})\cos\phi_{\mathrm{b},j} \cdot \sin\lambda
$$

（3.26b）

$$
q_{13} = (\sin\phi_{\mathrm{b},j} \cdot \sin\lambda \cdot K_{\mathrm{rc}} + \cos\phi_{\mathrm{b},j} \cdot K_{\mathrm{tc}} + \sin\phi_{\mathrm{b},j} \cdot \cos\lambda \cdot K_{\mathrm{ac}})\cos\lambda
$$

（3.26c）

$$
q_{21} = (-\cos\phi_{\mathrm{b},j} \cdot \sin\lambda \cdot K_{\mathrm{rc}} + \sin\phi_{\mathrm{b},j} \cdot K_{\mathrm{tc}} - \cos\phi_{\mathrm{b},j} \cdot \cos\lambda \cdot K_{\mathrm{ac}})\sin\phi_{\mathrm{b},j} \cdot \sin\lambda
$$

（3.26d）

$$q_{22} = (-\cos\phi_{b,j} \cdot \sin\lambda \cdot K_{rc} + \sin\phi_{b,j} \cdot K_{tc} - \cos\phi_{b,j} \cdot \cos\lambda \cdot K_{ac})\cos\phi_{b,j} \cdot \sin\lambda$$

$$（3.26e）$$

$$q_{23} = -(-\cos\phi_{b,j} \cdot \sin\lambda \cdot K_{rc} + \sin\phi_{b,j} \cdot K_{tc} - \cos\phi_{b,j} \cdot \cos\lambda \cdot K_{ac})\cos\lambda$$

$$（3.26f）$$

$$q_{31} = (\cos\lambda \cdot K_{rc} - \sin\lambda \cdot K_{ac})\sin\phi_{b,j} \cdot \sin\lambda \qquad （3.26g）$$

$$q_{32} = (\cos\lambda \cdot K_{rc} - \sin\lambda \cdot K_{ac})\cos\phi_{b,j} \cdot \sin\lambda \qquad （3.26h）$$

$$q_{33} = (-\cos\lambda \cdot K_{rc} + \sin\lambda \cdot K_{ac})\cos\lambda \qquad （3.26i）$$

因为沿刀具 z 轴方向的刚度较高，所以在建立铣削系统的动力学方程时，可忽略 z 轴方向力的影响[156]。最终，得到考虑再生效应与刀具结构模态耦合的三轴球头铣削系统动力学方程，如式（3.27）所示。

$$\begin{bmatrix} m_{b,x} & m_{b,xy} \\ m_{b,yx} & m_{b,y} \end{bmatrix}\begin{bmatrix} \ddot{x}(t) \\ \ddot{y}(t) \end{bmatrix} + \begin{bmatrix} c_{b,x} & c_{b,xy} \\ c_{b,yx} & c_{b,y} \end{bmatrix}\begin{bmatrix} \dot{x}(t) \\ \dot{y}(t) \end{bmatrix} + \begin{bmatrix} k_{b,x} & k_{b,xy} \\ k_{b,yx} & k_{b,y} \end{bmatrix}\begin{bmatrix} x(t) \\ y(t) \end{bmatrix} =$$

$$\Delta z \cdot \sum_{j=1}^{N}\sum_{i=1}^{l}\left(\frac{g(\phi_{b,j})}{\sin\lambda}\begin{bmatrix} q_{11} & q_{12} \\ q_{21} & q_{22} \end{bmatrix}\right) \cdot \left(\begin{bmatrix} x(t) \\ y(t) \end{bmatrix} - \begin{bmatrix} x(t-T) \\ y(t-T) \end{bmatrix}\right) \qquad （3.27）$$

3.4.2 包含再生效应、结构模态耦合与过程阻尼的三轴球头铣削动力学模型

将球头铣刀沿轴向平均分成 l 份微分单元，根据 Ahmadi 等[102]所阐述的过程阻尼产生机理，当微分单元足够小时，则每个微分单元上的过程阻尼力如下：

$$\Delta F_{bpd,r} \approx C_{eqb,i} \cdot \dot{r}(t) \qquad （3.28）$$

式中

$$C_{eqb,i} = K_{sp} \cdot a_{p,i} \cdot w^2 / (4 \cdot v \cdot \cos\beta_i) \qquad （3.28a）$$

切向犁耕力为

$$\Delta F_{bpd,t} = \mu \cdot \Delta F_{bpd,r} \qquad （3.29）$$

式中，v 为切向速度，$v = \pi D_i n_s / 60$，D_i 为第 i 层微分单元的直径；$a_{p,i}$ 为第 i 层微分单元的轴向长度；β_i 为刀具球头部分第 i 个微分单元的螺旋角；$\dot{r}(t)$ 可由以下公式近似表达：

$$\dot{r}(t) = \dot{x}(t)\sin\phi_{\mathrm{b},j} + \dot{y}(t)\cos\phi_{\mathrm{b},j} \tag{3.30}$$

对所有微分单元的过程阻尼力求和，其在刀具坐标系下的表达式如式（3.31）所示：

$$\begin{bmatrix} F_{\mathrm{bp},x} \\ F_{\mathrm{bp},y} \end{bmatrix} = \sum_{j=1}^{N}\sum_{i=1}^{l} \begin{bmatrix} -\sin\phi_{\mathrm{b},j} & -\cos\phi_{\mathrm{b},j} \\ -\cos\phi_{\mathrm{b},j} & \sin\phi_{\mathrm{b},j} \end{bmatrix} \cdot \begin{bmatrix} \Delta F_{\mathrm{bpd,r}} \\ \Delta F_{\mathrm{bpd,t}} \end{bmatrix} \tag{3.31}$$

式中

$$\begin{bmatrix} \Delta F_{\mathrm{bpd,r}} \\ \Delta F_{\mathrm{bpd,t}} \end{bmatrix} = g(\phi_{\mathrm{b},j}) \cdot C_{\mathrm{eqb},i} \cdot \begin{bmatrix} 1 \\ \mu \end{bmatrix} \cdot \begin{bmatrix} \sin\phi_{\mathrm{b},j} & \cos\phi_{\mathrm{b},j} \end{bmatrix} \cdot \begin{bmatrix} \dot{x}(t) \\ \dot{y}(t) \end{bmatrix} \tag{3.31a}$$

综上所述，过程阻尼力可表达为以下形式：

$$\begin{bmatrix} F_{\mathrm{bp},x} \\ F_{\mathrm{bp},y} \end{bmatrix} = \begin{bmatrix} c_{\mathrm{p1},x} & c_{\mathrm{p1},xy} \\ c_{\mathrm{p1},yx} & c_{\mathrm{p1},y} \end{bmatrix} \cdot \begin{bmatrix} \dot{x}(t) \\ \dot{y}(t) \end{bmatrix} \tag{3.32}$$

式中，$c_{\mathrm{p1},x}$、$c_{\mathrm{p1},xy}$、$c_{\mathrm{p1},yx}$、$c_{\mathrm{p1},y}$ 如下所示：

$$c_{\mathrm{p1},x} = \sum_{j=1}^{N}\sum_{i=1}^{l} C_{\mathrm{eqb},i} \cdot g(\phi_{\mathrm{b},j})(-\sin\phi_{\mathrm{b},j}^2 - \mu\cos\phi_{\mathrm{b},j}\sin\phi_{\mathrm{b},j}) \tag{3.32a}$$

$$c_{\mathrm{p1},xy} = \sum_{j=1}^{N}\sum_{i=1}^{l} C_{\mathrm{eqb},i} \cdot g(\phi_{\mathrm{b},j})(-\sin\phi_{\mathrm{b},j}\cos\phi_{\mathrm{b},j} - \mu\cos\phi_{\mathrm{b},j}^2) \tag{3.32b}$$

$$c_{\mathrm{p1},yx} = \sum_{j=1}^{N}\sum_{i=1}^{l} C_{\mathrm{eqb},i} \cdot g(\phi_{\mathrm{b},j})(-\sin\phi_{\mathrm{b},j}\cos\phi_{\mathrm{b},j} + \mu\sin\phi_{\mathrm{b},j}^2) \tag{3.32c}$$

$$c_{\mathrm{p1},y} = \sum_{j=1}^{N}\sum_{i=1}^{l} C_{\mathrm{eqb},i} \cdot g(\phi_{\mathrm{b},j})(-\cos\phi_{\mathrm{b},j}^2 + \mu\cos\phi_{\mathrm{b},j}\sin\phi_{\mathrm{b},j}) \tag{3.32d}$$

综上所述，考虑刀具－工件交互效应（即再生效应、刀具结构模态耦合与过程阻尼）的两自由度三轴球头铣削动力学模型可用下式表示：

$$\begin{bmatrix} m_{\mathrm{b},x} & m_{\mathrm{b},xy} \\ m_{\mathrm{b},yx} & m_{\mathrm{b},y} \end{bmatrix} \begin{bmatrix} \ddot{x}(t) \\ \ddot{y}(t) \end{bmatrix} + \begin{bmatrix} c_{\mathrm{b},x} & c_{\mathrm{b},xy} \\ c_{\mathrm{b},yx} & c_{\mathrm{b},y} \end{bmatrix} \begin{bmatrix} \dot{x}(t) \\ \dot{y}(t) \end{bmatrix} + \begin{bmatrix} k_{\mathrm{b},x} & k_{\mathrm{b},xy} \\ k_{\mathrm{b},yx} & k_{\mathrm{b},y} \end{bmatrix} \begin{bmatrix} x(t) \\ y(t) \end{bmatrix} =$$

$$\Delta z \cdot \sum_{j=1}^{N}\sum_{i=1}^{l} \left(\frac{g(\phi_{\mathrm{b},j})}{\sin\lambda} \begin{bmatrix} q_{11} & q_{12} \\ q_{21} & q_{22} \end{bmatrix} \right) \cdot \left(\begin{bmatrix} x(t) \\ y(t) \end{bmatrix} - \begin{bmatrix} x(t-T) \\ y(t-T) \end{bmatrix} \right) + \begin{bmatrix} c_{\mathrm{p1},x} & c_{\mathrm{p1},xy} \\ c_{\mathrm{p1},yx} & c_{\mathrm{p1},y} \end{bmatrix} \cdot \begin{bmatrix} \dot{x}(t) \\ \dot{y}(t) \end{bmatrix}$$

$$\tag{3.33}$$

为便于表达，定义：

$$\boldsymbol{K}(t) = \Delta z \cdot \sum_{j=1}^{N} \sum_{i=1}^{l} \left(\frac{g(\phi_{b,j})}{\sin \lambda} \begin{bmatrix} q_{11} & q_{12} \\ q_{21} & q_{22} \end{bmatrix} \right) = \begin{bmatrix} h_{1,11} & h_{1,12} \\ h_{1,21} & h_{1,22} \end{bmatrix} \quad （3.34）$$

式中，$h_{1,11}$、$h_{1,12}$、$h_{1,21}$、$h_{1,22}$ 如下：

$$h_{1,11} = \sum_{j=1}^{N} \sum_{i=1}^{l} \Delta z \frac{g(\phi_{b,j})}{\sin \lambda} \cdot q_{11} \quad （3.34a）$$

$$h_{1,12} = \sum_{j=1}^{N} \sum_{i=1}^{l} \Delta z \frac{g(\phi_{b,j})}{\sin \lambda} \cdot q_{12} \quad （3.34b）$$

$$h_{1,21} = \sum_{j=1}^{N} \sum_{i=1}^{l} \Delta z \frac{g(\phi_{b,j})}{\sin \lambda} \cdot q_{21} \quad （3.34c）$$

$$h_{1,22} = \sum_{j=1}^{N} \sum_{i=1}^{l} \Delta z \frac{g(\phi_{b,j})}{\sin \lambda} \cdot q_{22} \quad （3.34d）$$

则式（3.33）可用以下形式表达：

$$\begin{bmatrix} m_{b,x} & m_{b,xy} \\ m_{b,yx} & m_{b,y} \end{bmatrix} \begin{bmatrix} \ddot{x}(t) \\ \ddot{y}(t) \end{bmatrix} + \begin{bmatrix} c_{b,x} & c_{b,xy} \\ c_{b,yx} & c_{b,y} \end{bmatrix} \begin{bmatrix} \dot{x}(t) \\ \dot{y}(t) \end{bmatrix} - \begin{bmatrix} c_{p1,x} & c_{p1,xy} \\ c_{p1,yx} & c_{p1,y} \end{bmatrix} \cdot \begin{bmatrix} \dot{x}(t) \\ \dot{y}(t) \end{bmatrix} +$$
$$\begin{bmatrix} k_{b,x} & k_{b,xy} \\ k_{b,yx} & k_{b,y} \end{bmatrix} \begin{bmatrix} x(t) \\ y(t) \end{bmatrix} = \begin{bmatrix} h_{1,11} & h_{1,12} \\ h_{1,21} & h_{1,22} \end{bmatrix} \cdot \left(\begin{bmatrix} x(t) \\ y(t) \end{bmatrix} - \begin{bmatrix} x(t-T) \\ y(t-T) \end{bmatrix} \right)$$

$$（3.35）$$

定义 $\boldsymbol{U} = [x(t) \quad y(t) \quad \dot{x}(t) \quad \dot{y}(t)]^{\mathrm{T}}$，则式（3.35）可变换为以下状态空间形式：

$$\dot{\boldsymbol{U}}(t) = \boldsymbol{A}_1 \cdot \boldsymbol{U}(t) + \boldsymbol{R}_1(t) \cdot \boldsymbol{U}(t) - \boldsymbol{L}_1(t) \cdot \boldsymbol{U}(t - \tau) \quad （3.36）$$

式中，$\boldsymbol{A}_1$、$\boldsymbol{R}_1$、$\boldsymbol{L}_1$ 如下：

$$\boldsymbol{A}_1 = \begin{bmatrix} 0 & 0 & 1 & 0 \\ 0 & 0 & 0 & 1 \\ p_5 & p_6 & e_5 & e_6 \\ p_7 & p_8 & e_7 & e_8 \end{bmatrix}; \quad \boldsymbol{R}_1(t) = \begin{bmatrix} 0 & 0 & 0 & 0 \\ 0 & 0 & 0 & 0 \\ o_5 & o_6 & f_5 & f_6 \\ o_7 & o_8 & f_7 & f_8 \end{bmatrix}; \quad \boldsymbol{L}_1(t) = \begin{bmatrix} 0 & 0 & 0 & 0 \\ 0 & 0 & 0 & 0 \\ o_5 & o_6 & 0 & 0 \\ o_7 & o_8 & 0 & 0 \end{bmatrix}$$

$$（3.37）$$

参数 p_5、p_6、p_7、p_8、e_5、e_6、e_7、e_8、o_5、o_6、o_7、o_8、f_5、f_6、f_7、f_8 如下：

$$p_5 = -\frac{-m_{b,y}k_{b,x} + m_{b,xy}k_{b,yx}}{m_{b,x}m_{b,y} - m_{b,xy}m_{b,yx}} \quad (3.37\text{a})$$

$$p_6 = \frac{-m_{b,y}k_{b,xy} + m_{b,xy}k_{b,y}}{m_{b,x}m_{b,y} - m_{b,xy}m_{b,yx}} \quad (3.37\text{b})$$

$$p_7 = \frac{m_{b,yx}k_{b,x} - m_{b,x}k_{b,yx}}{m_{b,x}m_{b,y} - m_{b,xy}m_{b,yx}} \quad (3.37\text{c})$$

$$p_8 = \frac{m_{b,yx}k_{b,xy} - m_{b,x}k_{b,y}}{m_{b,x}m_{b,y} - m_{b,xy}m_{b,yx}} \quad (3.37\text{d})$$

$$e_5 = \frac{-m_{b,y}c_{b,x} + m_{b,xy}c_{b,yx}}{m_{b,x}m_{b,y} - m_{b,xy}m_{b,yx}} \quad (3.37\text{e})$$

$$e_6 = \frac{-m_{b,y}c_{b,xy} + m_{b,xy}c_{b,y}}{m_{b,x}m_{b,y} - m_{b,xy}m_{b,yx}} \quad (3.37\text{f})$$

$$e_7 = \frac{m_{b,yx}c_{b,x} - m_{b,x}c_{b,yx}}{m_{b,x}m_{b,y} - m_{b,xy}m_{b,yx}} \quad (3.37\text{g})$$

$$e_8 = \frac{m_{b,yx}c_{b,xy} - m_{b,x}c_{b,y}}{m_{b,x}m_{b,y} - m_{b,xy}m_{b,yx}} \quad (3.37\text{h})$$

$$o_5 = \frac{m_{b,y}h_{1,11} - m_{b,xy}h_{1,21}}{m_{b,x}m_{b,y} - m_{b,xy}m_{b,yx}} \quad (3.37\text{i})$$

$$o_6 = \frac{m_{b,y}h_{1,12} - m_{b,xy}h_{1,22}}{m_{b,x}m_{b,y} - m_{b,xy}m_{b,yx}} \quad (3.37\text{g})$$

$$o_7 = \frac{-m_{b,yx}h_{1,11} + m_{b,x}h_{1,21}}{m_{b,x}m_{b,y} - m_{b,xy}m_{b,yx}} \quad (3.37\text{k})$$

$$o_8 = \frac{-m_{b,yx}h_{1,12} + m_{b,x}h_{1,22}}{m_{b,x}m_{b,y} - m_{b,xy}m_{b,yx}} \quad (3.37\text{l})$$

$$f_5 = \frac{m_{b,y}c_{p1,x} - m_{b,xy}c_{p1,yx}}{m_{b,x}m_{b,y} - m_{b,xy}m_{b,yx}} \quad (3.37\text{m})$$

$$f_6 = \frac{m_{b,y}c_{p1,xy} - m_{b,xy}c_{p1,y}}{m_{b,x}m_{b,y} - m_{b,xy}m_{b,yx}} \quad (3.37\text{n})$$

$$f_7 = \frac{-m_{b,yx}c_{p1,x} + m_{b,x}c_{p1,yx}}{m_{b,x}m_{b,y} - m_{b,xy}m_{b,yx}} \tag{3.37o}$$

$$f_8 = \frac{-m_{b,yx}c_{p1,xy} + m_{b,x}c_{p1,y}}{m_{b,x}m_{b,y} - m_{b,xy}m_{b,yx}} \tag{3.37p}$$

3.5 本章小结

　　刀具与工件之间的交互效应主要有再生效应、刀具结构模态耦合与过程阻尼，上述效应对铣削稳定性均有一定的影响。本章在传统动力学模型基础上，分析了结构模态耦合与过程阻尼的产生机理，采用等效的线性黏滞阻尼器将非线性过程阻尼进行线性化处理，建立了综合考虑再生效应、刀具结构模态耦合与过程阻尼多种效应耦合的三轴侧铣与三轴球头铣削动力学模型，为后续研究刀具－工件交互效应对三轴铣削稳定性的影响规律奠定了理论基础。

第 4 章

刀具－工件交互效应对三轴
铣削稳定性的影响

4.1 引 言

再生效应、刀具结构模态耦合与过程阻尼是刀具－工件直接交互产生的三种典型效应。为研究再生效应、刀具结构模态耦合与过程阻尼对三轴铣削稳定性的影响，应用第 2 章提出的三阶埃尔米特－牛顿插值法（3rdH－NAM），基于第 3 章建立的三轴铣削（侧铣、球头铣削）动力学模型，本章分别研究了刀具与工件之间多种交互效应对三轴侧铣、三轴球头铣削稳定性的影响规律。运用建立的三轴侧铣动力学模型研究了稳定性叶瓣图在顺铣、逆铣操作下，随铣刀径向切深的变化规律。通过实验验证了建立的三轴侧铣、三轴球头铣削动力学模型在预测三轴铣削稳定性方面的有效性。结果表明，与传统的铣削动力学模型相比，建立的三轴侧铣与三轴球头铣削动力学模型能够更加准确地预测稳定切削区域，可以有效避免三轴铣削过程中颤振的发生，为建立五轴铣削动力学模型奠定了理论基础。

4.2 包含刀具－工件交互效应三轴铣削稳定性分析

4.2.1 用三阶埃尔米特－牛顿插值法获取状态转移矩阵

以建立的三轴侧铣动力学模型为例，采用第 2 章提出的三阶埃尔米特－牛顿插值法（3rdH－NAM）对状态转移矩阵进行推导。将第 3 章式（3.18）中的时滞量 τ 分成 n 等份，则每个时间区间 $[t_i,\ t_{i+1}]$，$i=1,\ 2,\ \cdots,\ n$ 的长度为 $\Delta t = \tau / n$。在时间区间 $[t_i,\ t_{i+1}]$ 上对式（3.18）进行积分，可得

$$U_{i+1} = \mathrm{e}^{A_0 \Delta t} U_i + \int_{t_i}^{t_{i+1}} \mathrm{e}^{A_0(t_{i+1}-t)} [R(t)U(t) - L(t)U(t-\tau)]\mathrm{d}t \qquad (4.1)$$

在时间区间 $[t_i,\ t_{i+1}]$ 上应用一阶牛顿插值法分别逼近方程（4.1）的周期系数项 $R(t)$ 与 $L(t)$，可得到以下方程：

$$R(t) \approx \frac{\Delta t - t}{\Delta t} R_i + \frac{t}{\Delta t} R_{i+1} \qquad (4.2)$$

$$L(t) \approx \frac{\Delta t - t}{\Delta t} L_i + \frac{t}{\Delta t} L_{i+1} \qquad (4.3)$$

在时间区间 $[t_i,\ t_{i+1}]$ 上分别采用三阶埃尔米特插值多项式与三阶牛顿插值多项式逼近方程（4.1）中的状态项 $U(t)$ 与时滞项 $U(t-\tau)$，得到以下公式：

$$U(t) \approx a_3 U_i + b_3 U_{i+1} + c_3 U_{i-n} + d_3 U_{i-n+1} \qquad (4.4)$$

$$U(t-\tau) \approx a_2 U_{i-n} + b_2 U_{i-n+1} + c_2 U_{i-n+2} + d_2 U_{i-n+3} \qquad (4.5)$$

式中，a_2、b_2、c_2、d_2、a_3、b_3、c_3、d_3 见第 2 章式（2.19a）～式（2.19d）与式（2.20a）～式（2.20d）。

将式（4.2）、式（4.3）、式（4.4）与式（4.5）代入式（4.1），可得

$$U_{i+1} = P_i \begin{bmatrix} (\mathrm{e}^{A_0 \Delta t} + G_{13} R_{i+1} + G_{14} R_i) U_i - \\ (G_{15} L_{i+1} + G_{16} L_i) U_{i-n+3} - \\ (G_{17} L_{i+1} + G_{18} L_i) U_{i-n+2} + \\ \left[(G_{19} R_{i+1} + G_{20} R_i) - (G_{21} L_{i+1} + G_{22} L_i) \right] U_{i-n+1} + \\ \left[(G_{23} R_{i+1} + G_{24} R_i) - (G_{25} L_{i+1} + G_{26} L_i) \right] U_{i-n} \end{bmatrix} \tag{4.6}$$

在式（4.6）中，相关符号的表达式如下：

$$P_i = (I - G_{11} R_i - G_{12} R_{i+1})^{-1} \tag{4.6a}$$

$$G_{11} = \left(-\frac{R_{i+1}}{\Delta t^3} + \frac{2I}{\Delta t^4} - \frac{A_0}{\Delta t^3} \right) F_4 + \left(\frac{2A_0}{\Delta t^2} + \frac{2R_{i+1}}{\Delta t^2} - \frac{5I}{\Delta t^3} \right) F_3 + \left(\frac{3I}{\Delta t^2} - \frac{A_0}{\Delta t} - \frac{R_{i+1}}{\Delta t} \right) F_2 \tag{4.6b}$$

$$G_{12} = \left(\frac{A_0}{\Delta t^3} + \frac{R_{i+1}}{\Delta t^3} - \frac{2I}{\Delta t^4} \right) F_4 + \left(\frac{3I}{\Delta t^3} - \frac{A_0}{\Delta t^2} - \frac{R_{i+1}}{\Delta t^2} \right) F_3 \tag{4.6c}$$

$$G_{13} = \frac{F_1}{\Delta t} + \left(\frac{A_0}{\Delta t} + \frac{R_i}{\Delta t} \right) F_2 - \left(\frac{2R_i}{\Delta t^2} + \frac{2A_0}{\Delta t^2} + \frac{3I}{\Delta t^3} \right) F_3 + \left(\frac{2I}{\Delta t^4} + \frac{A_0}{\Delta t^3} + \frac{R_i}{\Delta t^3} \right) F_4 \tag{4.6d}$$

$$G_{14} = \left(\frac{5I}{\Delta t^3} + \frac{3A_0}{\Delta t^2} + \frac{3R_i}{\Delta t^2} \right) F_3 + F_0 + \left(R_i + A_0 - \frac{I}{\Delta t} \right) F_1 - \left(\frac{3A_0}{\Delta t} + \frac{3I}{\Delta t^2} + \frac{3R_i}{\Delta t} \right) F_2 - \left(\frac{2I}{\Delta t^4} + \frac{A_0}{\Delta t^3} + \frac{R_i}{\Delta t^3} \right) F_4 \tag{4.6e}$$

$$G_{15} = \frac{F_4}{6\Delta t^4} - \frac{F_3}{2\Delta t^3} + \frac{F_2}{3\Delta t^2} \tag{4.6f}$$

$$G_{16} = \frac{-F_4}{6\Delta t^4} + \frac{2F_3}{3\Delta t^3} - \frac{5F_2}{6\Delta t^2} + \frac{F_1}{3\Delta t} \tag{4.6g}$$

$$G_{17} = \frac{-F_4}{2\Delta t^4} + \frac{2F_3}{\Delta t^3} - \frac{3F_2}{2\Delta t^2} \tag{4.6h}$$

$$G_{18} = \frac{F_4}{2\Delta t^4} - \frac{5F_3}{2\Delta t^3} + \frac{7F_2}{2\Delta t^2} - \frac{3F_1}{2\Delta t} \tag{4.6i}$$

$$G_{19} = -\frac{L_{i+1}}{\Delta t^3} F_4 + \frac{L_{i+1}}{\Delta t^2} F_3 \tag{4.6j}$$

$$G_{20} = \left(\frac{F_2}{\Delta t} - \frac{2F_3}{\Delta t^2} + \frac{F_4}{\Delta t^3} \right) L_{i+1} \tag{4.6k}$$

$$G_{21} = \frac{3F_2}{\Delta t^2} - \frac{5F_3}{2\Delta t^3} + \frac{F_4}{2\Delta t^4} \tag{4.6l}$$

$$G_{22} = \frac{3F_1}{\Delta t} - \frac{11F_2}{2\Delta t^2} + \frac{3F_3}{\Delta t^3} - \frac{F_4}{2\Delta t^4} \tag{4.6m}$$

$$G_{23} = \left(-\frac{F_2}{\Delta t} + \frac{2F_3}{\Delta t^2} - \frac{F_4}{\Delta t^3} \right) L_i \tag{4.6n}$$

$$G_{24} = \left(-F_1 + \frac{3F_2}{\Delta t} - \frac{3F_3}{\Delta t^2} + \frac{F_4}{\Delta t^3} \right) L_i \tag{4.6o}$$

$$G_{25} = \frac{F_1}{\Delta t} - \frac{11F_2}{6\Delta t^2} + \frac{F_3}{\Delta t^3} - \frac{F_4}{6\Delta t^4} \tag{4.6p}$$

$$G_{26} = F_0 - \frac{17F_1}{6\Delta t} + \frac{17F_2}{6\Delta t^2} - \frac{7F_3}{6\Delta t^3} + \frac{F_4}{6\Delta t^4} \tag{4.6q}$$

$$F_0 = A_0^{-1}(e^{A_0\Delta t} - I); \quad F_1 = A_0^{-1}(F_0 - \Delta t I); \quad F_2 = A_0^{-1}(2F_1 - \Delta t^2 I) \tag{4.6r}$$

$$F_3 = A_0^{-1}(3F_2 - \Delta t^3 I); \quad F_4 = A_0^{-1}(4F_3 - \Delta t^4 I); \quad F_5 = A_0^{-1}(5F_4 - \Delta t^5 I) \tag{4.6s}$$

根据式（4.6），当前刀齿与前一刀齿映射关系如式（4.7）所示：

$$\begin{Bmatrix} U_{i+1} \\ U_i \\ U_{i-1} \\ \vdots \\ U_{i+1-n} \end{Bmatrix} = N_i \begin{Bmatrix} U_i \\ U_{i-1} \\ U_{i-2} \\ \vdots \\ U_{i-n} \end{Bmatrix} \tag{4.7}$$

式中，N_i 如下：

$$N_i = \begin{bmatrix} N_{11}^i & 0 & \cdots & N_{1,n-2}^i & N_{1,n-1}^i & N_{1,n}^i & N_{1,n+1}^i \\ I & 0 & \cdots & 0 & 0 & 0 & 0 \\ 0 & I & \cdots & 0 & 0 & 0 & 0 \\ \vdots & \vdots & & \vdots & \vdots & \vdots & \vdots \\ 0 & 0 & \cdots & 0 & 0 & I & 0 \end{bmatrix} \tag{4.8}$$

在式（4.8）中，矩阵 N_{11}^i、$N_{1,n-2}^i$、$N_{1,n-1}^i$、$N_{1,n}^i$、$N_{1,n+1}^i$ 如式（4.8a）～式（4.8e）所示：

$$N_{11}^i = P_i(\mathrm{e}^{A_0\Delta t} + G_{13}R_{i+1} + G_{14}R_i) \tag{4.8a}$$

$$N_{1,n-2}^i = -P_i(G_{15}L_{i+1} + G_{16}L_i) \tag{4.8b}$$

$$N_{1,n-1}^i = -P_i(G_{17}L_{i+1} + G_{18}L_i) \tag{4.8c}$$

$$N_{1,n}^i = P_i[(G_{19}R_{i+1} + G_{20}R_i) - (G_{21}L_{i+1} + G_{22}L_i)] \tag{4.8d}$$

$$N_{1,n+1}^i = P_i[(G_{23}R_{i+1} + G_{24}R_i) - (G_{25}L_{i+1} + G_{26}L_i)] \tag{4.8e}$$

铣削系统在一个刀齿通过周期的状态转移矩阵 ψ_5 可表示为

$$\psi_5 = N_n N_{n-1} \cdots N_1 \tag{4.9}$$

4.2.2　数值仿真分析

为研究再生效应、刀具结构模态耦合与过程阻尼的耦合作用对铣削稳定性的影响，以三轴侧铣为例，进行数值仿真分析。应用文献［165］中的参数作为仿真参数（见表 4.1），对顺铣、逆铣操作下铣削稳定性进行分析。

表 4.1　仿真参数[165]

参数	值
刀具直径/mm	25.4
磨损带宽度/mm	0.08
刀齿数	3
a_e/D	0.5
$k_x/(\mathrm{N}\cdot\mathrm{m}^{-1})$	5.6×10^6
$k_y/(\mathrm{N}\cdot\mathrm{m}^{-1})$	5.7×10^6
$c_x/(\mathrm{N}\cdot\mathrm{s}\cdot\mathrm{m}^{-1})$	115.29
$c_y/(\mathrm{N}\cdot\mathrm{s}\cdot\mathrm{m}^{-1})$	95.35
m_x/kg	0.39

续表

参数	值
m_y/kg	0.32
ω_x/Hz	603
ω_y/Hz	666
K_t/（N·mm^{-2}）	700
K_r	0.07
K_{sp}/（N·mm^{-3}）	1.5×10^5
μ	0.3

分别在轴向切深与主轴转速范围为 $0 \sim 10$ mm 与 $1 \times 10^3 \sim 10 \times 10^3$ r/min 的参数条件下计算稳定性叶瓣图。计算过程中分别将轴向切深与主轴转速平均分成 200 份，即在 200×200 的网格上计算。应用三阶埃尔米特－牛顿插值法（3rdH－NAM）获取状态转移矩阵时，将每个刀齿通过周期均分为 50 份时间段。考虑过程阻尼与不考虑过程阻尼获得的稳定性叶瓣图如图 4.1 所示。图 4.1（a）所示为逆铣操作，图 4.1（b）所示为顺铣操作。

从图 4.1 可以看出，当不考虑过程阻尼时，低主轴转速区的稳定切削区域很小；当考虑过程阻尼时，低主轴转速区具有更多的稳定切削区域。对比图 4.1（a）、图 4.1（b）可知，在径向切深与刀具直径的比值（a_e/D）为 0.5 时，虽然顺铣与逆铣获得的稳定性叶瓣图形状有所不同，但是过程阻尼均会导致低主轴转速区的稳定切削区域增大。

Gradisek 等[166]指出，即使刀尖交叉项传递函数的幅值只有直接传递函数幅值的 2%，交叉项对稳定边界仍有影响。文献［76，166］表明模态矩阵交叉项的数值并没有呈现一致性，这是因为实际状态下机床结构刚度、夹紧条件、刀架（主轴）结构刚度具有不对称性，同时也会随着工况的不同而发生变化[76]，为便于研究，在研究刀具结构模态耦合对铣削动态特性的影响时，假设交叉项的数值为直接项的 60%，即交叉项的模态参数小于对角线上的参数，此种情况为弱模态耦合[76]（需要说明的是，此种假设不

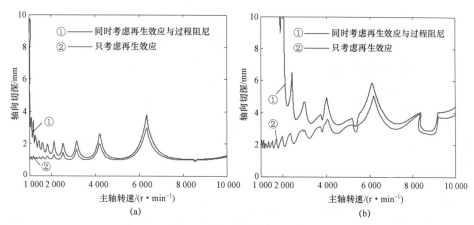

图 4.1　过程阻尼对铣削稳定叶性瓣图的影响

（a）逆铣操作下稳定叶性瓣图（$a_e/D=0.5$）；（b）顺铣操作下稳定叶性瓣图（$a_e/D=0.5$）

一定与实际相符合，此处只是研究多因素耦合状态下铣削系统的叶瓣图究竟会有多大变化，后续实验验证部分会通过模态实验得到精确的模态参数）。因此，在数值仿真阶段，交叉项的参数如下：

$$k_{xy}=k_x \times 60\%=3.36 \times 10^6 \text{（N/m）} \tag{4.10}$$

$$k_{yx}=k_y \times 60\%=3.42 \times 10^6 \text{（N/m）} \tag{4.11}$$

$$c_{xy}=c_x \times 60\%=69.174 \text{（N·s/m）} \tag{4.12}$$

$$c_{yx}=c_y \times 60\%=57.21 \text{（N·s/m）} \tag{4.13}$$

$$m_{xy}=m_x \times 60\%=0.234 \text{（kg）} \tag{4.14}$$

$$m_{yx}=m_y \times 60\%=0.192 \text{（kg）} \tag{4.15}$$

图 4.2（a）、图 4.2（b）分别为逆铣、顺铣操作下考虑刀具结构模态耦合与不考虑刀具结构模态耦合获得的稳定性叶瓣图。从图 4.2 可以看出，当考虑刀具结构模态耦合时，铣削系统的稳定性叶瓣图发生明显变化，逆铣操作下刀具结构模态耦合导致极限切深增大，顺铣操作下刀具结构模态耦合导致极限切深减小。需要指出的是，图 4.2 的结果是基于上述参数得到的仿真结果，该结果并不一定具有普适性，也就是说模态耦合效应并不一定能够增加所有逆铣操作的极限切深，或者使所有顺铣操作的极限切深减小，具体的稳定性叶瓣图需要根据实际测量得到的模

态参数来确定。

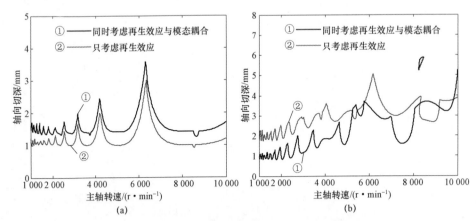

图 4.2　刀具结构模态耦合对铣削稳定性叶性瓣图的影响
（a）逆铣操作下稳定性叶瓣图（$a_e/D=0.5$）；
（b）顺铣操作下稳定性叶瓣图（$a_e/D=0.5$）

　　当同时考虑再生效应、刀具结构模态耦合与过程阻尼时，获得的铣削系统稳定性叶瓣图如图 4.3 所示。图 4.3（a）为逆铣，图 4.3（b）为顺铣。在图 4.3（a）中，①号实线为只考虑再生效应获得的稳定性叶瓣图；②号实线为同时考虑再生效应与过程阻尼获得的稳定性叶瓣图；③号实线为同时考虑再生效应与刀具结构模态耦合获得的稳定性叶瓣图；④号实线为同

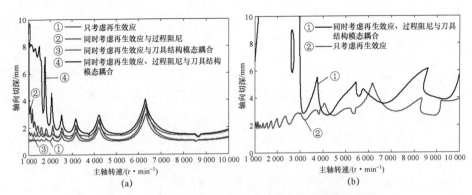

图 4.3　基于不同铣削动力学模型获得的稳定性叶瓣图
（a）逆铣操作下基于不同铣削动力学模型获得的稳定性叶瓣图（$a_e/D=0.5$）；
（b）顺铣操作下基于不同铣削动力学模型获得的稳定性叶瓣图（$a_e/D=0.5$）

时考虑再生效应、过程阻尼与刀具结构模态耦合获得的稳定性叶瓣图。从图 4.3 可以看出，再生效应、过程阻尼与刀具结构模态耦合对稳定性叶瓣图均有一定影响，在多种效应耦合作用下，获得的稳定性叶瓣图具有更多稳定切削区域。

上述分析表明，刀具与工件之间的交互效应（同时考虑再生效应、过程阻尼与刀具结构模态耦合）对铣削稳定性具有重要影响，能够增加三轴侧铣的极限切深。

从图 4.3 可以看出，顺铣、逆铣的稳定性叶瓣图有所差异，这是因为顺铣与逆铣操作下铣削系统动力学特性有所不同，从而导致铣削系统稳定性叶瓣图不同[115,167]。

为研究再生效应、过程阻尼与刀具结构模态耦合的耦合作用对顺铣、逆铣操作下铣削系统动态特性的影响，以径向切深为变量，用建立的三轴侧铣动力学模型分别获得铣削系统在顺铣、逆铣操作下的稳定性叶瓣图。所采用的输入参数与表 4.1、式（4.10）～式（4.15）相同。不同切削条件下获得的稳定性叶瓣图如图 4.4 所示。

从图 4.4 中可以看出，当考虑多个因素（同时考虑再生效应、过程阻尼与刀具结构模态耦合）耦合效应时，顺铣与逆铣操作生成的稳定性叶瓣图有所不同。当径向切深与刀具直径的比值（a_e/D）较小时，逆铣操作的稳定区域大于顺铣操作的稳定区域，如图 4.4（a）～图 4.4（c）所示；随着 a_e/D 的增加，逆铣操作的稳定区域逐渐小于顺铣操作的稳定区域，如图 4.4（e）～图 4.4（i）所示；当 a_e/D 继续增大时，两种操作状态下获得的稳定性叶瓣图彼此接近，如图 4.4（j）和图 4.4（k）所示；当 $a_e/D=1$（完全浸没）时，两条曲线相互重合，如图 4.4（l）所示。

造成这种现象的原因：对于相同的主轴旋转方向，逆铣与顺铣操作下刀具的进给方向不同，导致刀齿切入角与切出角有所不同，从而对应的稳定性叶瓣图也不相同；对于完全浸没（$a_e/D=1$）状态，逆铣与顺铣操作下刀齿切入角与切出角一致，因此，这两种铣削操作的稳定性叶瓣图相同。

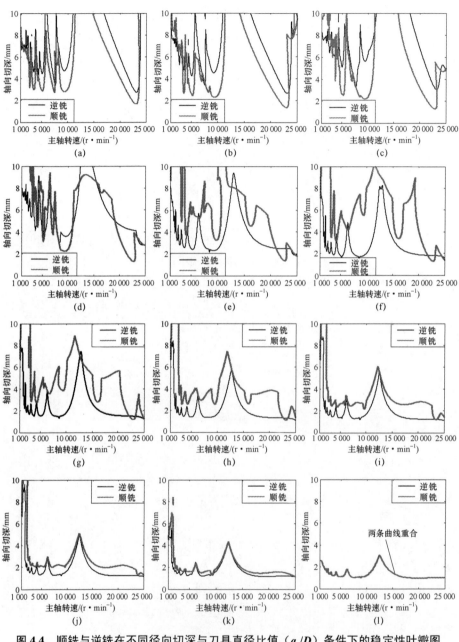

图 4.4 顺铣与逆铣在不同径向切深与刀具直径比值（a_e/D）条件下的稳定性叶瓣图

（a）$a_e/D=0.05$；（b）$a_e/D=0.10$；（c）$a_e/D=0.15$；（d）$a_e/D=0.20$；（e）$a_e/D=0.30$；

（f）$a_e/D=0.40$；（g）$a_e/D=0.50$；（h）$a_e/D=0.60$；（i）$a_e/D=0.70$；（j）$a_e/D=0.80$；

（k）$a_e/D=0.90$；（l）$a_e/D=1$

4.3　三轴铣削稳定性预测实验验证

4.3.1　三轴侧铣稳定性分析与实验验证

为验证建立的三轴侧铣动力学模型（同时考虑再生效应，刀具结构模态耦合与过程阻尼）在预测铣削稳定性方面的有效性，进行铣削实验。铣削实验在德玛吉（DMU 80 monoBlock）五轴加工机床上进行（见图 4.5），该机床的最大主轴转速为 22 000 r/min。工件为铝合金块，径向切深与刀具直径的比值 $a_e/D = 0.5$。铣削刀具为硬质合金三齿铣刀，其实物如图 4.6 所示，参数如表 4.2 所示。

图 4.5　德玛吉（DMU 80 monoBlock）五轴加工机床

(a)　　　　　　　　　　　　　　　　　　(b)

图 4.6　铣刀实物

（a）立铣刀；（b）铣刀端面

表 4.2　刀具参数

参数	值
直径/mm	10
刀刃长度/mm	45
全长/mm	100
螺旋角/（°）	45
刀齿数	3

1. 切削力系数辨识

切削力系数是预测颤振的基础。通过槽铣实验获得切向切削力系数 K_{tc} 与径向切削力系数 K_{rc}，工件材料为铝 7075。应用 9257B 型三向测力仪采集 x、y、z 方向的切削力。主轴转速、轴向切深与径向切深保持不变，每齿进给量线性增加。研究表明，切削力系数与刀具几何形状、工件材料有关，与切削参数无关[55]，因此切削参数的选择可以相对灵活一些，具体如下：主轴转速 2 000 r/min，轴向切深 2 mm，槽铣，每齿进给量分别为 0.02 mm、0.04 mm、0.06 mm、0.08 mm、0.10 mm。实验装置与实验现场如图 4.7 所示。相关切削参数在 x 与 y 方向获得的平均切削力如表 4.3 所示，其中，n_s、a_p、a_e、f_z、$\bar{F}_x$、$\bar{F}_y$ 分别代表主轴转速、轴向切深、径向切深、每齿进给量、x 方向的平均切削力与 y 方向的平均切削力。

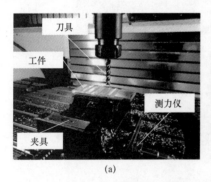
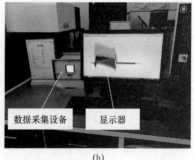

(a)　　　　　　　　　　　　　(b)

图 4.7　切削力系数辨识实验装置
（a）实验装置；（b）切削力采集设备

表 4.3　*x* 与 *y* 方向的平均切削力

n_s/ (r · min⁻¹)	a_p/mm	a_e/mm	f_z/mm	$\bar{F}_x$ /N	$\bar{F}_y$ /N
2 000	2	10	0.02	37.9	59.32
2 000	2	10	0.04	50.76	90.96
2 000	2	10	0.06	61.22	116.5
2 000	2	10	0.08	66.19	140.5
2 000	2	10	0.10	78.79	168.2

根据表 4.3 所示数据，以每齿进给量为变量的平均切削力数学表达式如式（4.16）、式（4.17）所示。平均切削力在 *x* 与 *y* 方向的线性拟合曲线如图 4.8 所示。

$$\bar{F}_x = 486.05 f_z + 29.809 \tag{4.16}$$

$$\bar{F}_y = 1\,336.5 f_z + 34.906 \tag{4.17}$$

根据平均切削力模型[55]可以得到切向切削力系数与径向切削力系数，分别为：$K_{tc} = 891$ N/mm²，$K_{rc} = 324$ N/mm²。需要说明的是，本书在计算切削力系数时所用的坐标系与文献［84］相同，所以当图 4.8 中的斜率为正值时所得到的切削力系数也为正值，只要根据建立的坐标系方向来确定切削力的方向，不同方法获得的切削力系数是相同的。

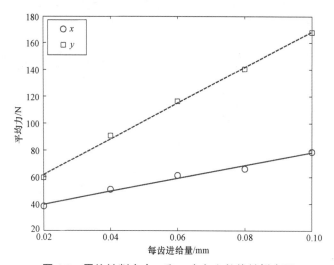

图 4.8　平均铣削力在 *x* 和 *y* 方向上的线性拟合图

2. 模态参数辨识

应用锤击实验获得铣削系统的模态参数。采用 MSC–1 型冲击锤敲击刀尖以产生激励信号，用衰减率大于 140 Db/oct 的 DLF–3 型双通道电荷放大器放大激励信号，用灵敏度为 0.38 PC/（m·s^{-2}）的 YD67 型加速度传感器（频率范围为 1～18 000 Hz）获得响应信号。实验过程中采用石蜡将传感器固定在刀尖上，以获得刀尖的响应信号。采用 AD8304 型四通道数据采集单元拾取激励信号与响应信号，采用 DynaCut 软件进行模态分析，最终获得模态参数。数据采集流程图、加速度传感器布置方案与实验设施如图 4.9 所示，获得的模态参数如表 4.4 所示。

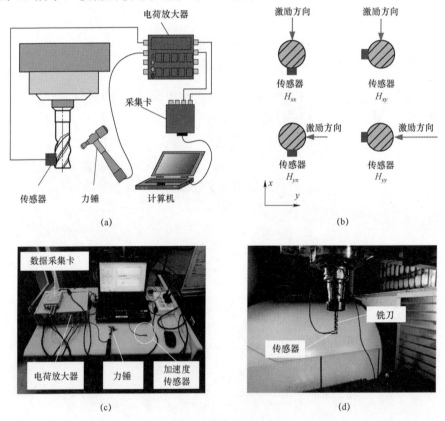

图 4.9 模态测试实验流程示意图与实验设备

（a）数据采集示意图；（b）力锤激励方向；（c）实验设备；（d）传感器安装现场

表 4.4　模态参数

响应方向	频率/Hz	阻尼比	模态质量/kg
xx	1 255.52	0.022 16	0.107 9
xy	1 252.00	0.032 98	0.225 2
yx	1 249.06	0.025 91	0.252 6
yy	1 259.55	0.028 72	0.102 6

3. 后刀面磨损带测量

金属切削过程中刀具磨损不可避免，适当的磨损宽度可以提高铣削稳定性。本章提出的三轴侧铣动力学模型为一个综合模型，同时考虑了再生效应、过程阻尼与刀具结构模态耦合的影响。如 3.3.2 节所述，过程阻尼与刀具磨损有关，因此若要考虑过程阻尼，首先应确定切削刃磨损区域宽度。刀具的几何参数如表 4.2 所示。用 KEYENCE 激光共聚焦显微镜（VK－X100）测量后刀面的磨损宽度。其中一个后刀面的磨损带宽度值为 39.7 μm，如图 4.10 所示。其他两个切削刃的磨损宽度值分别为 39.9 μm 与 40.1 μm。本书取三个切削刃后刀面磨损带宽度的平均值作为最终磨损带宽度，即磨损区域宽度为 40 μm。

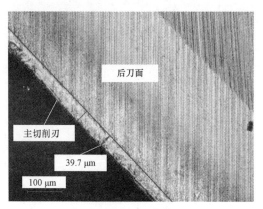

图 4.10　刀刃磨损带宽度

4. 实验结果分析

研究表明[168]，Al7075 的压痕力系数为 $K_{sp} = 1.5 \times 10^5 \text{ N/mm}^3$；根据文

献［102，169］，库伦摩擦系数定为 $u=0.3$。根据表 4.4 的模态参数与辨识的切削力系数，应用第 2 章提出的三阶埃尔米特－牛顿插值法与本章提出的三轴侧铣动力学模型，可获得铣削系统的稳定性叶瓣图。用不同铣削动力学模型获得的稳定性叶瓣图与实验验证结果如图 4.11 所示，图中曲线为极限切深，极限切深上方对应的区域为颤振区域，极限切深下方为稳定切削区域。在图 4.11 中，①号实线表示只考虑再生效应获得的稳定性叶瓣图；②号实线表示考虑再生效应与过程阻尼获得的稳定性叶瓣图；③号实线表示考虑再生效应与刀具结构模态耦合获得的稳定性叶瓣图；④号实线表示考虑再生效应、过程阻尼与刀具结构模态耦合作用获得的稳定性叶瓣图。

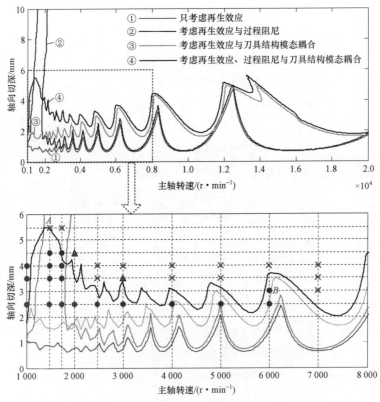

图 4.11　用不同铣削动力学模型获得的稳定性叶瓣图与
实验验证结果（顺铣，$a_e/D=0.5$）

从图 4.11 可以看出，基于再生效应与过程阻尼获得的稳定性叶瓣图在低主轴转速区存在较大的稳定切削区域，该稳定性叶瓣图在高主轴转速区域与基于再生效应得到的稳定性叶瓣图基本一致，意味着当主轴转速较高时过程阻尼的影响可以忽略；与基于再生效应获得的稳定性叶瓣图相比，基于再生效应与刀具结构模态耦合获得的稳定性叶瓣图在整个转速范围内的稳定区域均有所增加；当同时考虑多因素耦合时（即同时考虑再生效应、过程阻尼与刀具结构模态耦合），获得的稳定性叶瓣图不仅在整个主轴转速范围内具有较多的稳定切削区域，而且在低主轴转速区域仍然存在较多的稳定切削区域。

选取图 4.11 中的切削参数，进行铣削实验，实验过程中采用振动测试仪采集切削过程的振动加速度信号。该测试设备主要包括灵敏度为 $10.355 \, \mathrm{mV/ms^{-2}}$ 的 INV9822 型加速度传感器与 INV3062T 型 4 通道数据采集设备，数据采集过程中采样频率设为 $10.24 \times 10^3 \, \mathrm{Hz}$。振动信号采集现场如图 4.12 所示。最终的实验结果如图 4.11 所示。在图 4.11 中，"×"表示实际切削状态发生颤振，"●"表示实际切削状态稳定，"▲"表示不确定是否发生颤振。从图 4.11 可以看出，实验结果与采用建立的三轴侧铣动力学模型预测的结果基本一致。对图 4.11 中点 A（1 500 r/min，5.5 mm）、点 B（6 000 r/min，3 mm）切削参数下采集的数据与工件表面进行分析，如图 4.13 所示。从图 4.13（a）中可以看出，当选取点 A 处的切削参数进行加工时，采集到的振动加速度信号中含有强烈的颤振频率（1 486 Hz、1 561 Hz 与 1 636 Hz），这些频率的差值为 75 Hz，与刀齿通过频率相同

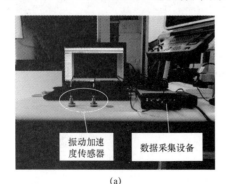

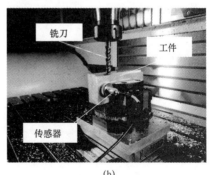

(a)　　　　　　　　　　　　　(b)

图 4.12　振动加速度信号采集设备与传感器安装示意图

（a）数据采集设备；（b）传感器安装图

（1 500/60×3＝75 Hz）；另外，该铣削条件下工件表面具有明显的振纹，表明产生颤振。从图 4.13（b）可以看出，用点 B 处的切削参数对工件进行加工时，获得的振动加速度信号频谱成分主要为基频（6 000/60＝100 Hz）、刀齿通过频率（6 000/60×3＝300 Hz）与谐波频率。工件表面呈现规则的纹理，与侧铣机理相符，表明未发生颤振。

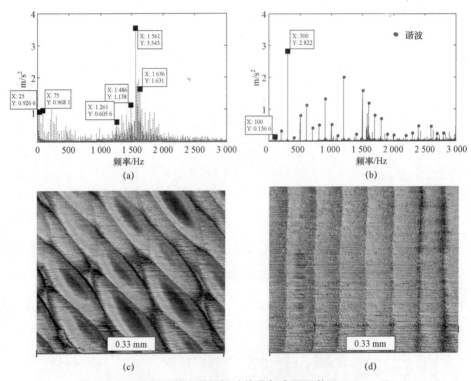

图 4.13 不同加工状态下的振动信号与表面形貌（$a_e/D=0.5$）

（a）点 A 处铣削振动加速度信号（颤振）；（b）点 B 处铣削振动加速度信号（稳定）；
（c）点 A 处工件表面形貌（颤振）；（d）点 B 处工件表面形貌（稳定）

颤振与稳定铣削状态下工件表面平均功率谱密度如图 4.14 所示，从图 4.14 可以看出，当发生颤振时，工件表面功率谱密度峰值急剧增大。

上述实验结果表明，与传统的三轴侧铣动力学模型相比，建立的包含刀具与工件交互效应（即同时考虑再生效应、过程阻尼与刀具结构模态耦合）的三轴侧铣动力学模型能够更加准确地预测三轴侧铣的切削状态。

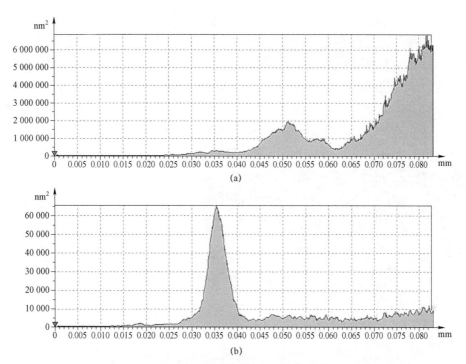

图 4.14　不同加工状态下工件表面平均功率谱密度
（a）颤振状态下工件表面的平均功率谱密度；
（b）无颤振状态下工件表面的平均功率谱密度

4.3.2　三轴球头铣削稳定性分析与实验验证

为验证建立的三轴球头铣削动力学模型在预测球头铣削稳定性方面的有效性，进行球头铣削实验。采用直径为 10 mm 的硬质合金球头铣刀（带有涂层），该铣刀圆柱部分的螺旋角为 30°，刀齿数为 2。工件长宽高分别为 100 mm × 50 mm × 20 mm 的钛合金（Ti−6Al−4V）块。根据文献［95，170］可知，钛合金 Ti−6Al−4V 的压痕力系数与库伦摩擦系数分别为 $K_{sp} = 3 \times 10^4$ N/mm^3，$\mu = 0.3$。

1. 球头部分滞后角与螺旋角的确定

实际上，铣刀球头部分的切削刃轮廓随刀具的不同而变化[62]，多数球头铣刀球头部分的螺旋角随轴向变化，文献［79，171］表明变螺旋角刀具的螺旋角对铣削稳定性具有一定影响，因此，在验证建立的三轴球头铣削动力学模型时，不应忽略球头部分螺旋角的影响。

为确定切削刃在球头部分的局部螺旋角，沿刀具轴线方向将球头部分均匀分成若干层，用海克斯康三坐标测量机（精度为 0.005 mm）测量每层切削刃的坐标值（见图 4.15），铣刀球头部分的滞后角 $\psi(z)$ 与局部螺旋角 $\beta_i(z)$ 可通过以下公式获得[172]。

$$\psi(z) = \tan^{-1}(y / x) \tag{4.18}$$

$$\beta_i(z) = \cos^{-1}\left[\frac{\sqrt{\left\{-r(z)\sin[\psi(z)]\dot{\psi} + \cos[\psi(z)]\dfrac{R-z}{r(z)}\right\}^2 + 1}}{\sqrt{\left\{-r(z)\sin[\psi(z)]\dot{\psi} + \cos[\psi(z)]\dfrac{R-z}{r(z)}\right\}^2 + \left\{r(z)\cos[\psi(z)]\dot{\psi} + \sin[\psi(z)]\dfrac{R-z}{r(z)}\right\}^2 + 1}}\right]$$

$$\tag{4.19}$$

式中，x 表示刀尖处切削刃的切线方向；y 垂直于 x；R 为球头半径。

测得的数据如表 4.5 所示。根据表 4.5 的坐标数据，可计算出球头部分的滞后角，将滞后角进行曲线拟合，便可得到不同轴向点的滞后角。拟合公式如式（4.20）所示，滞后角随轴向位置的变化曲线如图 4.16 所示。

图 4.15　三坐标测量机测量球头铣刀切削刃坐标值

表 4.5　测量数据与滞后角、局部螺旋角

测量点	坐标值/mm			滞后角/	局部螺旋角/
	z	y	x	（°）	（°）
1	0.500	0.050	2.210	1.296	3.610
2	1.000	0.120	2.995	2.294	8.315
3	1.500	0.256	3.519	4.161	13.543
4	2.000	0.485	4.010	6.896	18.800
5	2.500	0.751	4.299	9.909	23.617
6	3.000	0.950	4.399	12.186	27.581
7	3.500	1.201	4.505	14.927	30.364
8	4.000	1.572	4.752	18.305	31.746
9	4.500	1.833	4.556	21.916	30.329
10	5.000	2.140	4.468	25.592	30.007
11	5.500	2.455	4.295	29.752	30.000

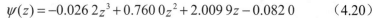

$$\psi(z) = -0.026\,2z^3 + 0.760\,0z^2 + 2.009\,9z - 0.082\,0 \qquad （4.20）$$

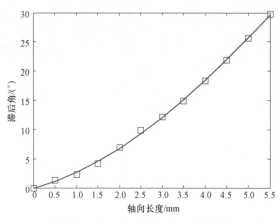

图 4.16　滞后角随轴向位置的变化曲线

　　根据式（4.19）、式（4.20）与测得的数据，可计算出刀具球头部分的局部螺旋角，如表 4.5 所示。从表 4.5 可以看出，球头部分的局部螺旋角随轴向长度的增加而变大，当 $z = R$ 时螺旋角为 30°，此后螺旋角保持 30°不变，说明拟合的滞后角方程是有效的。需要说明的是，有一个位置的螺

旋角大于 30°（当 $z = 4\ \mathrm{mm}$，$\beta_i(z) = 31.746°$），这很有可能是由测量误差引起的，该误差较小，所以可以接受。

2. 切削力系数的辨识

研究表明，铣刀球头部分的切削力系数与轴向切深有关[68,173]。为得到球头铣刀在不同轴向切深度下的切削力系数，用平均力模型[55,127,128]分别计算轴向切深为 0.5 mm、1.0 mm、1.5 mm、2.0 mm、2.5 mm、3.0 mm、3.5 mm、4.0 mm、4.5 mm、5.0 mm 时的切削力系数，切削力系数辨识流程与 3.4.3 节所述方法类似。最终可通过拟合公式确定不同轴向切深的切削力系数。切削力采集实验如图 4.17 所示，不同轴向切深下的切削力系数如表 4.6 所示，在区间 [0.5 mm，5 mm] 上，拟合公式如式（4.21）～式（4.23）所示。

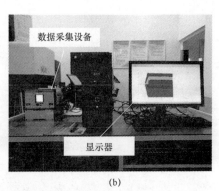

（a）   （b）

图 4.17　球头铣刀不同轴向切深切削力系数辨识实验

（a）工件安装现场；（b）数据采集设备

表 4.6　不同轴向切深下的切削力系数

$n_s/(\mathrm{r}\cdot\mathrm{min}^{-1})$	a_p/mm	$K_{tc}/(\mathrm{N}\cdot\mathrm{mm}^{-2})$	$K_{rc}/(\mathrm{N}\cdot\mathrm{mm}^{-2})$	$K_{ac}/(\mathrm{N}\cdot\mathrm{mm}^{-2})$
1 100	0.5	2 461.20	589.32	1 511.20
1 100	1.0	2 405.60	703.80	1 285.70
1 100	1.5	2 293.10	850.90	1 104.30
1 100	2.0	2 260.50	1 010.25	890.15
1 100	2.5	2 355.60	1 119.32	898.81
1 100	3.0	2 439.70	1 227.00	952.00

续表

n_s/（r·min^{-1}）	a_p/mm	K_{tc}/（N·mm^{-2}）	K_{rc}/（N·mm^{-2}）	K_{ac}/（N·mm^{-2}）
1 100	3.5	2 475.70	1 261.40	1 000.90
1 100	4.0	2 555.70	1 299.20	1 162.60
1 100	4.5	2 566.70	1 471.30	1 287.40
1 100	5.0	2 512.00	1 538.60	1 655.80

$$K_{tc} = 23.41z^2 - 84.8z + 2\,440.43, \; z \in [0.5, 5] \tag{4.21}$$

$$K_{rc} = -18.68z^2 + 309z + 437.1, \; z \in [0.5, 5] \tag{4.22}$$

$$K_{ac} = 133.41z^2 - 709.62z + 1\,842.29, \; z \in [0.5, 5] \tag{4.23}$$

3. 模态参数辨识

用 4.3.1 节的方法获得刀尖的模态参数。实验过程中，刀具悬长为 55 mm，得到的模态参数如表 4.7 所示。

表 4.7　球头铣刀刀尖模态参数

方向	频率/Hz	阻尼比	模态质量/kg
xx	1 228.59	0.023 76	0.152 5
xy	1 178.52	0.032 59	0.255 2
yx	1 219.28	0.025 11	0.275 6
yy	1 225.75	0.027 85	0.186 5

4. 实验结果分析

用 KEYENCE 激光共聚焦显微镜（VK−X100）测得的切削刃磨损带宽度分别为 39.5 μm 与 39.9 μm，本书在计算过程阻尼力时，刀具磨损带取值为 40 μm。根据获得的模态参数与切削力系数，基于建立的三轴球头铣削动力学模型获得的稳定性叶瓣图如图 4.18 所示。选取图 4.18 中的切削参数对该稳定性叶瓣图进行实验验证。实验过程中刀具每齿进给量为 0.05 mm，用振动加速度传感器采集铣削过程的振动加速度信号（实验现场如图 4.19 所示），验证结果如图 4.18 所示。图 4.18 中"×"表示实际铣削状态发生颤振，"●"表示实际铣削状态稳定，"▲"表示不确定是否发生颤振。

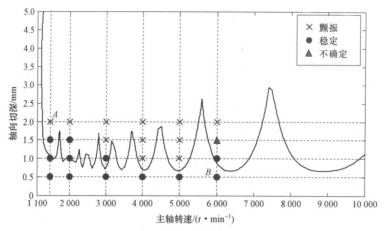

图 4.18　三轴球头铣削动力学模型获得的稳定性叶瓣图

对用点 A（1 500 r/min，2 mm）与点 B（6 000 r/min，0.5 mm）处参数组合下加工的工件表面与采集的振动加速度信号进行分析，结果如表 4.8 所示。从表 4.8 中可以看出，当用点 A（1 500 r/min，2 mm）处的参数进行加工时，工件表面出现明显的振纹与划痕，表面粗糙度较大，为 5.0 μm，对采集的振动加速度信号进行分析，可以看到信号的频率谱中除了基频（25 Hz）与刀齿通过频率（50 Hz）之外，还存在较强的颤振频率（1 294 Hz，1 446 Hz，1 561 Hz）。

图 4.19　球头铣削实验现场

表 4.8　不同加工参数组合下工件表面形貌与加工过程振动加速度信号频谱

参数组合	表面粗糙度	表面形貌	振动信号频谱
A	5.0 μm		
B	3.0 μm		

当用点 B（6 000 r/min，0.5 mm）处的切削参数进行加工时，工件表面纹理与球头铣削切削机理相符，不存在振纹（中间的纹理为球头铣刀端部的几何特征所致，并非振纹），工件的表面粗糙度较低，为 3.0 μm，从振动加速度信号频率谱中可以看出，频谱成分主要由基频（100 Hz）、刀齿通过频率（200 Hz）及谐波构成，不存在颤振频率。

从图 4.18 的实验结果可以看出，实际切削状态与预测结果基本一致，表明建立的三轴球头铣削动力学模型能够有效预测实际加工状态。值得说明的是，图 4.18 中的稳定性叶瓣图中仍然存在与实际状态不相符的预测结果，这可能是因为在模态参数与切削力系数辨识过程中会存在一定的误差，由于实验条件限制，无法完全得到准确的参数，但总体来说，建立的三轴球头铣削动力学模型能够比较可靠地预测实际加工状态。

4.4　本章小结

本章揭示了刀具与工件之间的交互效应（再生效应、过程阻尼与刀具结构模态耦合）对三轴侧铣与三轴球头铣削稳定性的影响规律，研究了顺铣、逆铣操作下稳定性叶瓣图的变化趋势，通过铣削实验对建立的三轴侧铣、三轴球头铣削动力学模型进行验证。通过本章研究得到的主要结论如下：

（1）再生效应、过程阻尼与刀具结构模态耦合的耦合作用对铣削稳定性具有重要影响，当同时考虑再生效应、过程阻尼与刀具结构模态耦合时，得到的稳定性叶瓣图具有更多的稳定切削区域。

（2）当径向切深与刀具直径的比值（a_e/D）较小时，逆铣的稳定区域大于顺铣；随着 a_e/D 的增加，逆铣的稳定区域逐渐小于顺铣；当 a_e/D 继续增大时，两种操作状态下获得的稳定性叶瓣图彼此接近；当 $a_e/D=1$（完全浸入）时，两条曲线相互重合。

（3）顺铣、逆铣稳定性叶瓣图随 a_e/D 变化的原因：逆铣与顺铣操作下刀具的进给方向不同，导致刀齿切入角与切出角有所不同，从而对应的稳定性叶瓣图也不相同；对于完全浸没（$a_e/D=1$）状态，逆铣与顺铣操作下刀齿切入角与切出角一致，因此，这两种铣削操作的稳定性叶瓣图相同。

（4）分别采用三轴侧铣与三轴球头铣削实验对建立的三轴侧铣、三轴球头铣削动力学模型进行验证。结果表明，与只考虑再生效应的动力学模型相比，建立的动力学模型能够更加准确地预测三轴铣削过程的稳定性，为研究五轴铣削稳定性奠定了理论基础。

第5章

包含主轴系统–刀具–工件交互效应的五轴铣削动力学模型

5.1 引　言

　　不同于三轴铣削，五轴铣削过程中，铣削稳定性不仅取决于切削深度与主轴转速，同时取决于刀轴姿态，即前倾角与侧倾角。本书研究的五轴机床需要主轴摆动来实现不同刀轴倾角的变换，因此主轴系统角度的摆动会对刀尖模态坐标系产生影响。五轴铣削中，随着自由度的增加，刀具/工件之间的接触区域随刀轴姿态与加工路径的改变而变化，切削力具有更加复杂的动态特性。因此，刀具与工件之间的交互效应对加工性能的影响更明显。为更加准确地预测五轴侧铣、五轴球头铣削的加工稳定性，在三轴侧铣、三轴球头铣削动力学模型的基础上，本章建立了考虑主轴系统–刀具–工件交互效应的五轴侧铣、五轴球头铣削动力学模型。

5.2 包含主轴系统−刀具−工件交互效应的五轴侧铣动力学模型

5.2.1 包含再生效应与结构模态耦合的五轴侧铣动力学模型

五轴加工中，可采用刀轴前倾角 γ_l 与侧倾角 α_t 的组合来定义刀轴姿态，如图 5.1 所示，刀具轴线围绕进给坐标系的 C 轴旋转形成刀轴前倾角，刀具轴线围绕进给坐标系的 F 轴旋转形成刀轴侧倾角[157]。图 5.1 中 F、C、N 分别代表刀具进给方向、交叉轴方向与工件表面法线方向，Z_t 代表刀具坐标系下的轴线方向。为便于区别不同的坐标系，工件坐标系用 $O_w - X_w Y_w Z_w$ 表示，进给坐标系（局部坐标系）用 $O_F - FCN$ 表示，刀具坐标系用 $O_t - X_t Y_t Z_t$ 表示，该坐标系可视为进给坐标系 $O_F - FCN$ 的旋转形式。

根据两个坐标系之间的关系，刀具坐标系到进给坐标系的转换矩阵如式（5.1）所示[155]。

$$\boldsymbol{T}_{\text{T−to−F}} = \begin{bmatrix} 1 & 0 & 0 \\ 0 & \cos\alpha_t & -\sin\alpha_t \\ 0 & \sin\alpha_t & \cos\alpha_t \end{bmatrix} \cdot \begin{bmatrix} \cos\gamma_l & 0 & \sin\gamma_l \\ 0 & 1 & 0 \\ -\sin\gamma_l & 0 & \cos\gamma_l \end{bmatrix} \tag{5.1}$$

实际加工过程中，刀具进给方向 $\boldsymbol{f}_F$ 不会始终与工件坐标系的 X_w 方向相同[72]，因此，将刀具进给方向 $\boldsymbol{f}_F$ 在工件坐标系中的表达式定义为 $\boldsymbol{f}_F = [x_w \quad y_w \quad z_w]^T$，则进给坐标系与工件坐标系之间的转换矩阵可用式（5.2）表示[72]。

$$\boldsymbol{T}_{\text{F−to−W}} = \begin{bmatrix} \cos\gamma_F & 0 & \sin\gamma_F \\ 0 & 1 & 0 \\ -\sin\gamma_F & 0 & \cos\gamma_F \end{bmatrix} \cdot \begin{bmatrix} \cos\alpha_F & -\sin\alpha_F & 0 \\ \sin\alpha_F & \cos\alpha_F & 0 \\ 0 & 0 & 1 \end{bmatrix} \tag{5.2}$$

式中，$\gamma_F = \arcsin(x_w / \sqrt{x_w^2 + z_w^2})$；$\alpha_F = \arctan(-y_w / x_w)$。

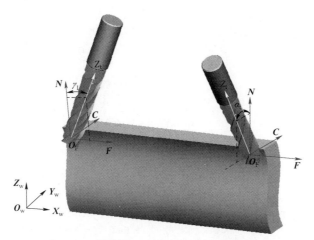

图 5.1　五轴侧铣刀具前倾角 γ_1 与侧倾角 α_t

本书采用的五轴机床为 DMU 80 monoBlock 五轴加工机床，该机床的运动轴包含三个移动轴：X 轴、Y 轴与 Z 轴；两个旋转轴：B 轴、C 轴，如图 5.2 所示。根据机床的结构特点，采用文献［156］的方法，模态坐标系与进给坐标系之间的转换矩阵如式（5.3）所示。

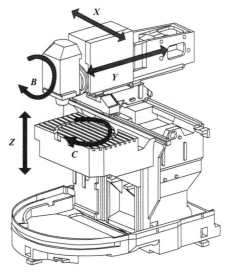

$$T_{\text{M-to-F}} = (T_{\text{F-to-W}})^{-1} \cdot T_{\text{Ta-to-W}} \cdot T_z(\theta_C) \cdot T_{x2}(90^\circ) \cdot T_y(\theta_B) \cdot T_{x1}(90^\circ)$$

（5.3）

式中，$T_{\text{Ta-to-W}}$ 为从工作台坐标系到工件坐标系的转移矩阵，由工件在工作台上的安装位置决定。为便于研究，假设工件坐标系与工作台坐标系一致，其他矩阵如下：

图 5.2　德玛吉（DMU 80 monoBlock）五轴加工机床结构示意图

$$T_{x1}(90^\circ) = \begin{bmatrix} 1 & 0 & 0 \\ 0 & \cos 90^\circ & -\sin 90^\circ \\ 0 & \sin 90^\circ & \cos 90^\circ \end{bmatrix}$$

（5.3a）

$$T_{x2}(90°) = \begin{bmatrix} 1 & 0 & 0 \\ 0 & \cos 90° & \sin 90° \\ 0 & -\sin 90° & \cos 90° \end{bmatrix} \tag{5.3b}$$

$$T_y(\theta_B) = \begin{bmatrix} \cos \theta_B & -\sin \theta_B & 0 \\ \sin \theta_B & \cos \theta_B & 0 \\ 0 & 0 & 1 \end{bmatrix} \tag{5.3c}$$

$$T_z(\theta_C) = \begin{bmatrix} \cos \theta_C & -\sin \theta_C & 0 \\ \sin \theta_C & \cos \theta_C & 0 \\ 0 & 0 & 1 \end{bmatrix} \tag{5.3d}$$

$$(T_{\text{F-to-W}})^{-1} = \begin{bmatrix} \cos \alpha_F \cos \gamma_F & \sin \alpha_F & -\cos \alpha_F \sin \gamma_F \\ -\sin \alpha_F \cos \gamma_F & \cos \alpha_F & \sin \gamma_F \sin \alpha_F \\ \sin \gamma_F & 0 & \cos \gamma_F \end{bmatrix} \tag{5.3e}$$

根据上述公式，可得到转移矩阵 $T_{\text{M-to-F}}$ 与其逆矩阵 $(T_{\text{M-to-F}})^{-1}$ 的表达式，见附录 A。从刀具坐标系到模态坐标系的变换矩阵如下：

$$T_{\text{T-to-M}} = (T_{\text{M-to-F}})^{-1} \cdot T_{\text{T-to-F}} \tag{5.4}$$

第 3 章 3.3.1 节已推导出刀具坐标系下 x、y 方向受到的动态切削力（立铣刀，不考虑螺旋角影响），在五轴侧铣过程中，随着刀具/工件接触区域的不同，沿着刀具轴线方向，刀具不同部位的切入角与切出角有所不同。因此，计算五轴铣削的切削力时，将刀具沿轴线方向均匀划分为 l 份微分单元，分别计算各微分单元的切入角与切出角，进而得到各微分单元的切削力，通过对微分单元的切削力进行求和，可计算出刀具坐标系下总的切削力，如式（5.5）所示：

$$\begin{bmatrix} F_x \\ F_y \end{bmatrix}_T = -\begin{bmatrix} h_{1,xx} & h_{1,xy} \\ h_{1,yx} & h_{1,yy} \end{bmatrix} \left(\begin{bmatrix} x(t) \\ y(t) \end{bmatrix}_T - \begin{bmatrix} x(t-T) \\ y(t-T) \end{bmatrix}_T \right) \tag{5.5}$$

式中，下标"T"代表刀具坐标系；$h_{1,xx}$、$h_{1,xy}$、$h_{1,yx}$、$h_{1,yy}$ 如下：

$$h_{1,xx} = \sum_{j=1}^{N} \sum_{i=1}^{l} g[\phi_j(t)] \cdot a_{p,i} \cdot \sin[\phi_j(t)]\{K_{tc} \cos[\phi_j(t)] + K_{rc} \sin[\phi_j(t)]\}$$

$$\tag{5.5a}$$

$$h_{1,xy} = \sum_{j=1}^{N} \sum_{i=1}^{l} g[\phi_j(t)] \cdot a_{\mathrm{p},i} \cdot \cos[\phi_j(t)]\{K_{\mathrm{tc}} \cos[\phi_j(t)] + K_{\mathrm{rc}} \sin[\phi_j(t)]\}$$

$$（5.5\mathrm{b}）$$

$$h_{1,yx} = \sum_{j=1}^{N} \sum_{i=1}^{l} g[\phi_j(t)] \cdot a_{\mathrm{p},i} \cdot \sin[\phi_j(t)]\{-K_{\mathrm{tc}} \sin[\phi_j(t)] + K_{\mathrm{rc}} \cos[\phi_j(t)]\}$$

$$（5.5\mathrm{c}）$$

$$h_{1,yy} = \sum_{j=1}^{N} \sum_{i=1}^{l} g[\phi_j(t)] \cdot a_{\mathrm{p},i} \cdot \cos[\phi_j(t)]\{-K_{\mathrm{tc}} \sin[\phi_j(t)] + K_{\mathrm{rc}} \cos[\phi_j(t)]\}$$

$$（5.5\mathrm{d}）$$

通过以下转换，可以将刀具坐标系下的切削力转化到模态坐标系：

$$\begin{bmatrix} F_x \\ F_y \\ F_z \end{bmatrix}_{\mathrm{M}} = \boldsymbol{T}_{\mathrm{T\text{-}to\text{-}M}} \cdot \begin{bmatrix} F_x \\ F_y \\ F_z \end{bmatrix}_{\mathrm{T}} \qquad （5.6）$$

为便于后续公式的推导，将从刀具坐标系到模态坐标系的变换矩阵 $\boldsymbol{T}_{\mathrm{T\text{-}to\text{-}M}}$ 及其逆矩阵 $\boldsymbol{T}_{\mathrm{T\text{-}to\text{-}M}}^{-1}$ 定义为以下形式：

$$\boldsymbol{T}_{\mathrm{T\text{-}to\text{-}M}} = \begin{bmatrix} a_{11} & a_{12} & a_{13} \\ a_{21} & a_{22} & a_{23} \\ a_{31} & a_{32} & a_{33} \end{bmatrix}; \quad \boldsymbol{T}_{\mathrm{T\text{-}to\text{-}M}}^{-1} = \begin{bmatrix} b_{11} & b_{12} & b_{13} \\ b_{21} & b_{22} & b_{23} \\ b_{31} & b_{32} & b_{33} \end{bmatrix} \qquad （5.7）$$

式中，参数 a_{11}、a_{12}、a_{13}、a_{21}、a_{22}、a_{23}、a_{31}、a_{32}、a_{33}、b_{11}、b_{12}、b_{13}、b_{21}、b_{22}、b_{23}、b_{31}、b_{32}、b_{33} 如附录 B 所示。

因为刀具 z 轴方向刚度较大，所以在建立五轴侧铣动力学方程时，忽略 z 轴方向的振动。最终，得到包含再生效应与刀具结构模态耦合的五轴侧铣动力学方程，如式（5.8）所示。

$$\begin{bmatrix} m_x & m_{xy} \\ m_{yx} & m_y \end{bmatrix} \begin{bmatrix} \ddot{x}_{\mathrm{M}}(t) \\ \ddot{y}_{\mathrm{M}}(t) \end{bmatrix} + \begin{bmatrix} c_x & c_{xy} \\ c_{yx} & c_y \end{bmatrix} \begin{bmatrix} \dot{x}_{\mathrm{M}}(t) \\ \dot{y}_{\mathrm{M}}(t) \end{bmatrix} + \begin{bmatrix} k_x & k_{xy} \\ k_{yx} & k_y \end{bmatrix} \begin{bmatrix} x_{\mathrm{M}}(t) \\ y_{\mathrm{M}}(t) \end{bmatrix} =$$
$$-\begin{bmatrix} a_{11} & a_{12} \\ a_{21} & a_{22} \end{bmatrix} \cdot \begin{bmatrix} h_{1,xx} & h_{1,xy} \\ h_{1,yx} & h_{1,yy} \end{bmatrix} \cdot \begin{bmatrix} b_{11} & b_{12} \\ b_{21} & b_{22} \end{bmatrix} \cdot \left(\begin{bmatrix} x_{\mathrm{M}}(t) \\ y_{\mathrm{M}}(t) \end{bmatrix} - \begin{bmatrix} x_{\mathrm{M}}(t-T) \\ y_{\mathrm{M}}(t-T) \end{bmatrix} \right)$$

$$（5.8）$$

式中，下标 "M" 代表模态坐标系；$h_{1,xx}$、$h_{1,xy}$、$h_{1,yx}$、$h_{1,yy}$ 为与切削力有

关的参数项；a_{11}、a_{12}、a_{21}、a_{22}、b_{11}、b_{12}、b_{21}、b_{22} 为与主轴系统、工作台旋转角度、刀轴前倾角与侧倾角有关的参数项。

5.2.2　包含再生效应、过程阻尼与刀具结构模态耦合的五轴侧铣动力学模型

随着刀轴倾角的变化，不同刀具部位的切入角与切出角有所不同，会引起过程阻尼力的变化。在计算五轴铣削过程阻尼力时，仍将刀具沿轴线方向均匀划分为 l 份微分单元，分别计算各微分单元的过程阻尼力，最终计算出总的过程阻尼力，即

$$F_{\mathrm{p}} = \begin{bmatrix} F_{\mathrm{p},x} \\ F_{\mathrm{p},y} \end{bmatrix}_{\mathrm{T}} = -\begin{bmatrix} c_{\mathrm{p2},x} & c_{\mathrm{p2},xy} \\ c_{\mathrm{p2},yx} & c_{\mathrm{p2},y} \end{bmatrix}\begin{bmatrix} \dot{x}(t) \\ \dot{y}(t) \end{bmatrix}_{\mathrm{T}} \tag{5.9}$$

式中

$$c_{\mathrm{p2},x} = \sum_{j=1}^{N}\sum_{i=1}^{l} C_{\mathrm{eq},i} \cdot g(\phi_j) \cdot \sin\phi_j (\sin\phi_j + \mu\cos\phi_j) \tag{5.9a}$$

$$c_{\mathrm{p2},xy} = \sum_{j=1}^{N}\sum_{i=1}^{l} C_{\mathrm{eq},i} \cdot g(\phi_j) \cdot \cos\phi_j (\sin\phi_j + \mu\cos\phi_j) \tag{5.9b}$$

$$c_{\mathrm{p2},yx} = \sum_{j=1}^{N}\sum_{i=1}^{l} C_{\mathrm{eq},i} \cdot g(\phi_j) \cdot \sin\phi_j (\cos\phi_j - \mu\sin\phi_j) \tag{5.9c}$$

$$c_{\mathrm{p2},y} = \sum_{j=1}^{N}\sum_{i=1}^{l} C_{\mathrm{eq},i} \cdot g(\phi_j) \cdot \cos\phi_j (\cos\phi_j - \mu\sin\phi_j) \tag{5.9d}$$

式中，$C_{\mathrm{eq},i}$ 为与压痕力有关的项，$C_{\mathrm{eq},i} = K_{\mathrm{sp}} \cdot a_{\mathrm{p},i} \cdot w^2 / (4v)$。

通过以下变换，可将刀具坐标系下的过程阻尼力转化到模态坐标系：

$$\begin{bmatrix} F_{\mathrm{p},x} \\ F_{\mathrm{p},y} \end{bmatrix}_{\mathrm{M}} = \begin{bmatrix} a_{11} & a_{12} \\ a_{21} & a_{22} \end{bmatrix} \cdot \begin{bmatrix} F_{\mathrm{p},x} \\ F_{\mathrm{p},y} \end{bmatrix}_{\mathrm{T}} \tag{5.10}$$

则包含再生效应、过程阻尼与刀具结构模态耦合的五轴侧铣动力学方程如下：

$$
\begin{bmatrix} m_x & m_{xy} \\ m_{yx} & m_y \end{bmatrix}\begin{bmatrix} \ddot{x}_{\mathrm{M}}(t) \\ \ddot{y}_{\mathrm{M}}(t) \end{bmatrix} + \begin{bmatrix} c_x & c_{xy} \\ c_{yx} & c_y \end{bmatrix}\begin{bmatrix} \dot{x}_{\mathrm{M}}(t) \\ \dot{y}_{\mathrm{M}}(t) \end{bmatrix} + \begin{bmatrix} k_x & k_{xy} \\ k_{yx} & k_y \end{bmatrix}\begin{bmatrix} x_{\mathrm{M}}(t) \\ y_{\mathrm{M}}(t) \end{bmatrix} =
$$

$$
-\begin{bmatrix} a_{11} & a_{12} \\ a_{21} & a_{22} \end{bmatrix}\bullet\begin{bmatrix} h_{1,xx} & h_{1,xy} \\ h_{1,yx} & h_{1,yy} \end{bmatrix}\bullet\begin{bmatrix} b_{11} & b_{12} \\ b_{21} & b_{22} \end{bmatrix}\bullet\left(\begin{bmatrix} x_{\mathrm{M}}(t) \\ y_{\mathrm{M}}(t) \end{bmatrix} - \begin{bmatrix} x_{\mathrm{M}}(t-T) \\ y_{\mathrm{M}}(t-T) \end{bmatrix}\right) -
$$

$$
\begin{bmatrix} a_{11} & a_{12} \\ a_{21} & a_{22} \end{bmatrix}\bullet\begin{bmatrix} c_{p2,x} & c_{p2,xy} \\ c_{p2,yx} & c_{p2,y} \end{bmatrix}\bullet\begin{bmatrix} b_{11} & b_{12} \\ b_{21} & b_{22} \end{bmatrix}\bullet\begin{bmatrix} \dot{x}_{\mathrm{M}}(t) \\ \dot{y}_{\mathrm{M}}(t) \end{bmatrix}
$$

$$
\text{（5.11）}
$$

式中，$c_{p2,x}$、$c_{p2,xy}$、$c_{p2,yx}$、$c_{p2,y}$ 为与过程阻尼有关的参数项。对式（5.11）进行整理，可得到以下形式：

$$
\begin{bmatrix} m_x & m_{xy} \\ m_{yx} & m_y \end{bmatrix}\begin{bmatrix} \ddot{x}_{\mathrm{M}}(t) \\ \ddot{y}_{\mathrm{M}}(t) \end{bmatrix} + \begin{bmatrix} c_x & c_{xy} \\ c_{yx} & c_y \end{bmatrix}\begin{bmatrix} \dot{x}_{\mathrm{M}}(t) \\ \dot{y}_{\mathrm{M}}(t) \end{bmatrix} + \begin{bmatrix} c_{p3,x} & c_{p3,xy} \\ c_{p3,yx} & c_{p3,y} \end{bmatrix}\begin{bmatrix} \dot{x}_{\mathrm{M}}(t) \\ \dot{y}_{\mathrm{M}}(t) \end{bmatrix} +
$$

$$
\begin{bmatrix} k_x & k_{xy} \\ k_{yx} & k_y \end{bmatrix}\begin{bmatrix} x_{\mathrm{M}}(t) \\ y_{\mathrm{M}}(t) \end{bmatrix} = -\begin{bmatrix} h_{2,11} & h_{2,12} \\ h_{2,21} & h_{2,22} \end{bmatrix}\bullet\left(\begin{bmatrix} x_{\mathrm{M}}(t) \\ y_{\mathrm{M}}(t) \end{bmatrix} - \begin{bmatrix} x_{\mathrm{M}}(t-T) \\ y_{\mathrm{M}}(t-T) \end{bmatrix}\right)
$$

$$
\text{（5.12）}
$$

式中，下标 "M" 表示模态坐标系；$c_{p3,x}$、$c_{p3,xy}$、$c_{p3,yx}$、$c_{p3,y}$、$h_{2,11}$、$h_{2,12}$、$h_{2,21}$、$h_{2,22}$ 如下：

$$
c_{p3,x} = (a_{11}\bullet c_{p2,x} + a_{12}\bullet c_{p2,yx})\bullet b_{11} + (a_{11}\bullet c_{p2,xy} + a_{12}\bullet c_{p2,y})\bullet b_{21} \quad \text{（5.12a）}
$$

$$
c_{p3,xy} = (a_{11}\bullet c_{p2,x} + a_{12}\bullet c_{p2,yx})\bullet b_{12} + (a_{11}\bullet c_{p2,xy} + a_{12}\bullet c_{p2,y})\bullet b_{22} \quad \text{（5.12b）}
$$

$$
c_{p3,yx} = (a_{21}\bullet c_{p2,x} + a_{22}\bullet c_{p2,yx})\bullet b_{11} + (a_{21}\bullet c_{p2,xy} + a_{22}\bullet c_{p2,y})\bullet b_{21} \quad \text{（5.12c）}
$$

$$
c_{p3,y} = (a_{21}\bullet c_{p2,x} + a_{22}\bullet c_{p2,yx})\bullet b_{12} + (a_{21}\bullet c_{p2,xy} + a_{22}\bullet c_{p2,y})\bullet b_{22} \quad \text{（5.12d）}
$$

$$
h_{2,11} = (a_{11}\bullet h_{1,xx} + a_{12}\bullet h_{1,yx})\bullet b_{11} + (a_{11}\bullet h_{1,xy} + a_{12}\bullet h_{1,yy})\bullet b_{21} \quad \text{（5.12e）}
$$

$$
h_{2,12} = (a_{11}\bullet h_{1,xx} + a_{12}\bullet h_{1,yx})\bullet b_{12} + (a_{11}\bullet h_{1,xy} + a_{12}\bullet h_{1,yy})\bullet b_{22} \quad \text{（5.12f）}
$$

$$
h_{2,21} = (a_{21}\bullet h_{1,xx} + a_{22}\bullet h_{1,yx})\bullet b_{11} + (a_{21}\bullet h_{1,xy} + a_{22}\bullet h_{1,yy})\bullet b_{21} \quad \text{（5.12g）}
$$

$$
h_{2,22} = (a_{21}\bullet h_{1,xx} + a_{22}\bullet h_{1,yx})\bullet b_{12} + (a_{21}\bullet h_{1,xy} + a_{22}\bullet h_{1,yy})\bullet b_{22} \quad \text{（5.12h）}
$$

定义 $\boldsymbol{U}(t)=[x_{\mathrm{M}}(t) \quad y_{\mathrm{M}}(t) \quad \dot{x}_{\mathrm{M}}(t) \quad \dot{y}_{\mathrm{M}}(t)]^{\mathrm{T}}$，则式（5.12）可变换为以下状态空间形式：

$$
\dot{\boldsymbol{U}}(t) = \boldsymbol{A}\boldsymbol{U}(t) + \boldsymbol{R}_2(t)\boldsymbol{U}(t) - \boldsymbol{L}_2(t)\boldsymbol{U}(t-\tau) \quad \text{（5.13）}
$$

式中

$$A = \begin{bmatrix} 0 & 0 & 1 & 0 \\ 0 & 0 & 0 & 1 \\ p_1 & p_2 & e_1 & e_2 \\ p_3 & p_4 & e_3 & e_4 \end{bmatrix}; \quad R_2(t) = \begin{bmatrix} 0 & 0 & 0 & 0 \\ 0 & 0 & 0 & 0 \\ o_9 & o_{10} & f_9 & f_{10} \\ o_{11} & o_{12} & f_{11} & f_{12} \end{bmatrix}$$

$$L_2(t) = \begin{bmatrix} 0 & 0 & 0 & 0 \\ 0 & 0 & 0 & 0 \\ o_9 & o_{10} & 0 & 0 \\ o_{11} & o_{12} & 0 & 0 \end{bmatrix}$$

（5.14）

式中，参数 p_1、p_2、p_3、p_4、e_1、e_2、e_3、e_4 如第 3 章式（3.10a）～式（3.10h）所示；o_9、o_{10}、o_{11}、o_{12}、f_9、f_{10}、f_{11}、f_{12} 如下：

$$o_9 = \frac{-m_y \cdot h_{2,11} + m_{xy} \cdot h_{2,21}}{m_x m_y - m_{xy} m_{yx}} \tag{5.14a}$$

$$o_{10} = \frac{-m_y \cdot h_{2,12} + m_{xy} \cdot h_{2,22}}{m_x m_y - m_{xy} m_{yx}} \tag{5.14b}$$

$$o_{11} = \frac{m_{yx} \cdot h_{2,11} - m_x \cdot h_{2,21}}{m_x m_y - m_{xy} m_{yx}} \tag{5.14c}$$

$$o_{12} = \frac{m_{yx} \cdot h_{2,12} - m_x \cdot h_{2,22}}{m_x m_y - m_{xy} m_{yx}} \tag{5.14d}$$

$$f_9 = \frac{-m_y \cdot c_{p3,x} + m_{xy} \cdot c_{p3,yx}}{m_x m_y - m_{xy} m_{yx}} \tag{5.14e}$$

$$f_{10} = \frac{-m_y \cdot c_{p3,xy} + m_{xy} \cdot c_{p3,y}}{m_x m_y - m_{xy} m_{yx}} \tag{5.14f}$$

$$f_{11} = \frac{m_{yx} \cdot c_{p3,x} - m_x \cdot c_{p3,yx}}{m_x m_y - m_{xy} m_{yx}} \tag{5.14g}$$

$$f_{12} = \frac{m_{yx} \cdot c_{p3,xy} - m_x \cdot c_{p3,y}}{m_x m_y - m_{xy} m_{yx}} \tag{5.14h}$$

5.3　包含主轴系统－刀具－工件交互效应的五轴球头铣削动力学模型

5.3.1　包含再生效应与刀具结构模态耦合的五轴球头铣削动力学模型

五轴球头铣削过程中，刀具姿态的定义方式与五轴侧铣类似，可通过前倾角 γ_1 与侧倾角 α_t 进行定义，如图 5.3 所示。

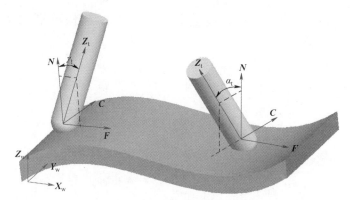

图 5.3　五轴球头铣削刀具前倾角 γ_1 与侧倾角 α_t 示意图

在第 3 章式（3.25）两端同时与转换矩阵 $T_{\text{T-to-M}}$ 相乘，可将刀具坐标系下的切削力转化到模态坐标系，如式（5.15）所示：

$$\begin{bmatrix} F_x \\ F_y \\ F_z \end{bmatrix}_{\text{M}} = \Delta z \cdot T_{\text{T-to-M}} \cdot H(t) \cdot \left(\begin{bmatrix} x(t) \\ y(t) \\ z(t) \end{bmatrix}_{\text{T}} - \begin{bmatrix} x(t-T) \\ y(t-T) \\ z(t-T) \end{bmatrix}_{\text{T}} \right) \tag{5.15}$$

根据式（5.15），可得到在模态坐标系下 x 与 y 方向的切削力，如式（5.16）所示：

$$\begin{bmatrix} F_x \\ F_y \end{bmatrix}_{\text{M}} = \Delta z \cdot \begin{bmatrix} a_{11} & a_{12} \\ a_{21} & a_{22} \end{bmatrix} \cdot \sum_{j=1}^{N} \sum_{i=1}^{l} \left(\frac{g(\phi_{\text{b},j})}{\sin \lambda} \begin{bmatrix} q_{11} & q_{12} \\ q_{21} & q_{22} \end{bmatrix} \right) \cdot \left(\begin{bmatrix} x(t) \\ y(t) \end{bmatrix}_{\text{T}} - \begin{bmatrix} x(t-T) \\ y(t-T) \end{bmatrix}_{\text{T}} \right)$$

$$\tag{5.16}$$

根据上述推导，得到包含再生效应与刀具结构模态耦合的五轴球头铣削动力学方程，如式（5.17）所示：

$$\begin{bmatrix} m_{b,x} & m_{b,xy} \\ m_{b,yx} & m_{b,y} \end{bmatrix}\begin{bmatrix} \ddot{x}_M(t) \\ \ddot{y}_M(t) \end{bmatrix} + \begin{bmatrix} c_{b,x} & c_{b,xy} \\ c_{b,yx} & c_{b,y} \end{bmatrix}\begin{bmatrix} \dot{x}_M(t) \\ \dot{y}_M(t) \end{bmatrix} + \begin{bmatrix} k_{b,x} & k_{b,xy} \\ k_{b,yx} & k_{b,y} \end{bmatrix}\begin{bmatrix} x_M(t) \\ y_M(t) \end{bmatrix} =$$

$$\Delta z \cdot \begin{bmatrix} a_{11} & a_{12} \\ a_{21} & a_{22} \end{bmatrix} \cdot \sum_{j=1}^{N}\sum_{i=1}^{l}\left(\frac{g(\phi_{b,j})}{\sin\lambda}\begin{bmatrix} q_{11} & q_{12} \\ q_{21} & q_{22} \end{bmatrix}\right) \cdot \begin{bmatrix} b_{11} & b_{12} \\ b_{21} & b_{22} \end{bmatrix} \cdot \left(\begin{bmatrix} x_M(t) \\ y_M(t) \end{bmatrix} - \begin{bmatrix} x_M(t-T) \\ y_M(t-T) \end{bmatrix}\right)$$

$$(5.17)$$

式中，q_{11}、q_{12}、q_{21}、q_{22} 为与切削力有关的参数项，具体形式见第 3 章式（3.26a）、式（3.26b）、式（3.26d）、式（3.26e）。

5.3.2 包含再生效应、过程阻尼与刀具结构模态耦合的五轴球头铣削动力学模型

根据第 3 章的式（3.31），过程阻尼力在刀具坐标系下的表达式如式（5.18）所示：

$$\begin{bmatrix} F_{bp,x} \\ F_{bp,y} \end{bmatrix} = \sum_{j=1}^{N}\sum_{i=1}^{l}\begin{bmatrix} -\sin\phi_{b,j} & -\cos\phi_{b,j} \\ -\cos\phi_{b,j} & \sin\phi_{b,j} \end{bmatrix} \cdot \begin{bmatrix} \Delta F_{bpd,r} \\ \Delta F_{bpd,t} \end{bmatrix} \qquad (5.18)$$

在式（5.18）两端同时左乘矩阵 $\boldsymbol{T}_{\text{T-to-M}}$ 的前两行两列，忽略轴向力 $\Delta F_{pd,a}$ 的影响，可得到模态坐标系下的过程阻尼力，即

$$\begin{bmatrix} F_{bp,x} \\ F_{bp,y} \end{bmatrix}_M = \begin{bmatrix} a_{11} & a_{12} \\ a_{21} & a_{22} \end{bmatrix} \cdot \sum_{j=1}^{N}\sum_{i=1}^{l}\begin{bmatrix} -\sin\phi_{b,j} & -\cos\phi_{b,j} \\ -\cos\phi_{b,j} & \sin\phi_{b,j} \end{bmatrix} \cdot \begin{bmatrix} \Delta F_{bpd,r} \\ \Delta F_{bpd,t} \end{bmatrix} \qquad (5.19)$$

式中，$\begin{bmatrix} \Delta F_{bpd,r} \\ \Delta F_{bpd,t} \end{bmatrix}$ 见式（3.31a）。经过整理，式（5.19）可转化为以下形式：

$$\begin{bmatrix} F_{bp,x} \\ F_{bp,y} \end{bmatrix}_M = \begin{bmatrix} c_{p4,x} & c_{p4,xy} \\ c_{p4,yx} & c_{p4,y} \end{bmatrix} \cdot \begin{bmatrix} b_{11} & b_{12} \\ b_{21} & b_{22} \end{bmatrix} \cdot \begin{bmatrix} \dot{x}_M(t) \\ \dot{y}_M(t) \end{bmatrix} \qquad (5.20)$$

在式（5.20）中：

$$c_{p4,x} = \sum_{j=1}^{N}\sum_{i=1}^{l} C_{eqb,i} \cdot g(\phi_{b,j})[(-a_{11}\sin\phi_{b,j} - a_{12}\cos\phi_{b,j})\sin\phi_{b,j} +$$

$$(-a_{11}\cos\phi_{b,j} + a_{12}\sin\phi_{b,j})\mu\sin\phi_{b,j}]$$

$$c_{p4,xy} = \sum_{j=1}^{N}\sum_{i=1}^{l} C_{eqb,i} \cdot g(\phi_{b,j})[(-a_{11}\sin\phi_{b,j} - a_{12}\cos\phi_{b,j})\cos\phi_{b,j} +$$

$$(-a_{11}\cos\phi_{b,j} + a_{12}\sin\phi_{b,j})\mu\cos\phi_{b,j}]$$

$$c_{p4,yx} = \sum_{j=1}^{N}\sum_{i=1}^{l} C_{eqb,i} \cdot g(\phi_{b,j})[(-a_{21}\sin\phi_{b,j} - a_{22}\cos\phi_{b,j})\sin\phi_{b,j} +$$

$$(-a_{21}\cos\phi_{b,j} + a_{22}\sin\phi_{b,j})\mu\sin\phi_{b,j}]$$

$$c_{p4,y} = \sum_{j=1}^{N}\sum_{i=1}^{l} C_{eqb,i} \cdot g(\phi_{b,j})[(-a_{21}\sin\phi_{b,j} - a_{22}\cos\phi_{b,j})\cos\phi_{b,j} +$$

$$(-a_{21}\cos\phi_{b,j} + a_{22}\sin\phi_{b,j})\mu\cos\phi_{b,j}]$$

综上所述，同时包含再生效应、过程阻尼与刀具结构模态耦合的五轴球头铣削动力学模型如式（5.21）所示：

$$\begin{bmatrix} m_{b,x} & m_{b,xy} \\ m_{b,yx} & m_{b,y} \end{bmatrix}\begin{bmatrix} \ddot{x}_M(t) \\ \ddot{y}_M(t) \end{bmatrix} + \begin{bmatrix} c_{b,x} & c_{b,xy} \\ c_{b,yx} & c_{b,y} \end{bmatrix}\begin{bmatrix} \dot{x}_M(t) \\ \dot{y}_M(t) \end{bmatrix} + \begin{bmatrix} k_{b,x} & k_{b,xy} \\ k_{b,yx} & k_{b,y} \end{bmatrix}\begin{bmatrix} x_M(t) \\ y_M(t) \end{bmatrix} =$$

$$\Delta z \bullet \begin{bmatrix} a_{11} & a_{12} \\ a_{21} & a_{22} \end{bmatrix} \bullet \sum_{j=1}^{N}\sum_{i=1}^{l}\left(\frac{g(\phi_{b,j})}{\sin\lambda}\begin{bmatrix} q_{11} & q_{12} \\ q_{21} & q_{22} \end{bmatrix}\right) \bullet \begin{bmatrix} b_{11} & b_{12} \\ b_{21} & b_{22} \end{bmatrix} \bullet \left(\begin{bmatrix} x_M(t) \\ y_M(t) \end{bmatrix} - \begin{bmatrix} x_M(t-T) \\ y_M(t-T) \end{bmatrix}\right) +$$

$$\begin{bmatrix} c_{p4,x} & c_{p4,xy} \\ c_{p4,yx} & c_{p4,y} \end{bmatrix} \bullet \begin{bmatrix} b_{11} & b_{12} \\ b_{21} & b_{22} \end{bmatrix} \bullet \begin{bmatrix} \dot{x}_M(t) \\ \dot{y}_M(t) \end{bmatrix}$$

$$(5.21)$$

对式（5.21）进行整理，令

$$\Delta z \bullet \begin{bmatrix} a_{11} & a_{12} \\ a_{21} & a_{22} \end{bmatrix} \bullet \sum_{j=1}^{N}\sum_{i=1}^{l}\left(\frac{g(\phi_{b,j})}{\sin\lambda}\begin{bmatrix} q_{11} & q_{12} \\ q_{21} & q_{22} \end{bmatrix}\right) \bullet \begin{bmatrix} b_{11} & b_{12} \\ b_{21} & b_{22} \end{bmatrix} = \begin{bmatrix} h_{3,11} & h_{3,12} \\ h_{3,21} & h_{3,22} \end{bmatrix}$$

$$(5.22)$$

式中

$$h_{3,11} = \sum_{j=1}^{N}\sum_{i=1}^{l}\Delta z \frac{g(\phi_{b,j})}{\sin\lambda}[(a_{11}q_{11} + a_{12}q_{21})b_{11} + (a_{11}q_{12} + a_{12}q_{22})b_{21}] \quad (5.22a)$$

$$h_{3,12} = \sum_{j=1}^{N}\sum_{i=1}^{l}\Delta z \frac{g(\phi_{b,j})}{\sin\lambda}[(a_{11}q_{11} + a_{12}q_{21})b_{12} + (a_{11}q_{12} + a_{12}q_{22})b_{22}] \quad (5.22b)$$

$$h_{3,21} = \sum_{j=1}^{N}\sum_{i=1}^{l}\Delta z \frac{g(\phi_{b,j})}{\sin\lambda}[(a_{21}q_{11} + a_{22}q_{21})b_{11} + (a_{21}q_{12} + a_{22}q_{22})b_{21}] \quad (5.22c)$$

$$h_{3,22} = \sum_{j=1}^{N} \sum_{i=1}^{l} \Delta z \frac{g(\phi_{b,j})}{\sin\lambda} [(a_{21}q_{11} + a_{22}q_{21})b_{12} + (a_{21}q_{12} + a_{22}q_{22})b_{22}]$$

（5.22d）

则式（5.21）可转化为以下形式：

$$\begin{bmatrix} m_{b,x} & m_{b,xy} \\ m_{b,yx} & m_{b,y} \end{bmatrix} \begin{bmatrix} \ddot{x}_M(t) \\ \ddot{y}_M(t) \end{bmatrix} + \begin{bmatrix} c_{b,x} & c_{b,xy} \\ c_{b,yx} & c_{b,y} \end{bmatrix} \begin{bmatrix} \dot{x}_M(t) \\ \dot{y}_M(t) \end{bmatrix} - \begin{bmatrix} c_{p4,x} & c_{p4,xy} \\ c_{p4,yx} & c_{p4,y} \end{bmatrix} \cdot \begin{bmatrix} b_{11} & b_{12} \\ b_{21} & b_{22} \end{bmatrix} \cdot$$

$$\begin{bmatrix} \dot{x}_M(t) \\ \dot{y}_M(t) \end{bmatrix} + \begin{bmatrix} k_{b,x} & k_{b,xy} \\ k_{b,yx} & k_{b,y} \end{bmatrix} \begin{bmatrix} x_M(t) \\ y_M(t) \end{bmatrix} = \begin{bmatrix} h_{3,11} & h_{3,12} \\ h_{3,21} & h_{3,22} \end{bmatrix} \cdot \left(\begin{bmatrix} x_M(t) \\ y_M(t) \end{bmatrix} - \begin{bmatrix} x_M(t-T) \\ y_M(t-T) \end{bmatrix} \right)$$

（5.23）

定义 $U(t) = [x_M(t) \quad y_M(t) \quad \dot{x}_M(t) \quad \dot{y}_M(t)]^T$，式（5.23）可转换成以下状态空间形式：

$$\dot{U}(t) = A_1 U(t) + R_3(t) U(t) - L_3(t) U(t-\tau)$$ （5.24）

式中

$$A_1 = \begin{bmatrix} 0 & 0 & 1 & 0 \\ 0 & 0 & 0 & 1 \\ p_5 & p_6 & e_5 & e_6 \\ p_7 & p_8 & e_7 & e_8 \end{bmatrix}; \quad R_3(t) = \begin{bmatrix} 0 & 0 & 0 & 0 \\ 0 & 0 & 0 & 0 \\ o_{13} & o_{14} & f_{13} & f_{14} \\ o_{15} & o_{16} & f_{15} & f_{16} \end{bmatrix}$$

$$L_3(t) = \begin{bmatrix} 0 & 0 & 0 & 0 \\ 0 & 0 & 0 & 0 \\ o_{13} & o_{14} & 0 & 0 \\ o_{15} & o_{16} & 0 & 0 \end{bmatrix}$$

（5.25）

式中，参数 p_5、p_6、p_7、p_8、e_5、e_6、e_7、e_8 见式（3.37a）～式（3.37h）；参数 o_{13}、o_{14}、o_{15}、o_{16}、f_{13}、f_{14}、f_{15}、f_{16} 如下所示：

$$o_{13} = \frac{m_{b,y} h_{3,11} - m_{b,xy} h_{3,21}}{m_{b,x} m_{b,y} - m_{b,xy} m_{b,yx}}$$ （5.25a）

$$o_{14} = \frac{m_{b,y} h_{3,12} - m_{b,xy} h_{3,22}}{m_{b,x} m_{b,y} - m_{b,xy} m_{b,yx}}$$ （5.25b）

$$o_{15} = \frac{-m_{b,yx} h_{3,11} + m_{b,x} h_{3,21}}{m_{b,x} m_{b,y} - m_{b,xy} m_{b,yx}}$$ （5.25c）

$$o_{16} = \frac{-m_{b,yx}h_{3,12} + m_{b,x}h_{3,22}}{m_{b,x}m_{b,y} - m_{b,xy}m_{b,yx}} \tag{5.25d}$$

$$f_{13} = \left(\frac{m_{b,y}c_{p4,x} - m_{b,xy}c_{p4,yx}}{m_{b,x}m_{b,y} - m_{b,xy}m_{b,yx}} \right) b_{11} + \left(\frac{m_{b,y}c_{p4,xy} - m_{b,xy}c_{p4,y}}{m_{b,x}m_{b,y} - m_{b,xy}m_{b,yx}} \right) b_{21} \tag{5.25e}$$

$$f_{14} = \left(\frac{m_{b,y}c_{p4,x} - m_{b,xy}c_{p4,yx}}{m_{b,x}m_{b,y} - m_{b,xy}m_{b,yx}} \right) b_{12} + \left(\frac{m_{b,y}c_{p4,xy} - m_{b,xy}c_{p4,y}}{m_{b,x}m_{b,y} - m_{b,xy}m_{b,yx}} \right) b_{22} \tag{5.25f}$$

$$f_{15} = \left(\frac{-m_{b,yx}c_{p4,x} + m_{b,x}c_{p4,yx}}{m_{b,x}m_{b,y} - m_{b,xy}m_{b,yx}} \right) b_{11} + \left(\frac{-m_{b,yx}c_{p4,xy} + m_{b,x}c_{p4,y}}{m_{b,x}m_{b,y} - m_{b,xy}m_{b,yx}} \right) b_{21} \tag{5.25g}$$

$$f_{16} = \left(\frac{-m_{b,yx}c_{p4,x} + m_{b,x}c_{p4,yx}}{m_{b,x}m_{b,y} - m_{b,xy}m_{b,yx}} \right) b_{12} + \left(\frac{-m_{b,yx}c_{p4,xy} + m_{b,x}c_{p4,y}}{m_{b,x}m_{b,y} - m_{b,xy}m_{b,yx}} \right) b_{22} \tag{5.25h}$$

5.4　本章小结

五轴铣削过程中，加工稳定性不仅取决于切削深度与主轴转速，同时与刀轴倾角有关，本章基于主轴系统－刀具－工件之间的交互效应，针对特定的机床结构，建立了综合考虑再生效应、过程阻尼与刀具结构模态耦合的五轴侧铣、五轴球头铣削动力学模型，为揭示主轴系统－刀具－工件交互效应对五轴铣削稳定性的影响机理奠定了理论基础。

第 6 章

主轴系统－刀具－工件交互效应对五轴铣削稳定性的影响

6.1 引　言

随着数控技术的发展，五轴机床在复杂结构件精密加工、高性能精密制造与智能制造领域的应用日益广泛。由于具有灵活的自由度与较强的空间可达性，五轴机床已成为加工各种高精度复杂结构件的关键装备。五轴铣削过程中，由于刀轴倾角的变化，刀具－工件之间的接触区域不再恒定不变，会随着刀轴倾角与加工路径的变化而发生改变，由于主轴系统－刀具－工件之间的交互效应，五轴铣削系统的动力学特性更加复杂，这些因素极大地增加了五轴铣削稳定性的分析难度。根据第 5 章建立的五轴铣削动力学模型，本章研究了再生效应、过程阻尼与刀具结构模态耦合对五轴侧铣、五轴球头铣削稳定性的影响。本章揭示了多种交互效应下刀轴姿态对五轴侧铣、五轴球头铣削稳定性的影响规律。

6.2 刀具/工件接触区域的确定

刀具与工件的接触区域界定了切削过程中刀具与工件的相互作用范围，是研究切削稳定性的基础[131]。与三轴铣削不同，五轴铣削过程中，由于刀具与工件的接触区域呈现不规则的几何形状且随着刀轴姿态的变化而改变，因此不同刀轴姿态下刀具不同位置的切入角与切出角会发生改变，进而引起切削力的变化。准确预测五轴铣削稳定性的前提是获得不同刀轴倾角下的切削力，为确定不同刀轴倾角下的切削力，将铣刀沿轴向平均分成若干微分单元，采用投影几何法[143]确定刀具/工件的接触区域，该方法将刀具微分单元与工件的边界离散成若干数据点，然后依次投影到进给坐标系 FCN 的 CN 平面与 FN 平面，应用文献［174］提出的算法，找出存在于所设定边界内的点，同时出现在 CN 平面与 FN 平面上的点集即当前刀轴倾角下该铣刀微分单元与工件的接触区域，依次对所有微分单元进行判定，最终便可得到整个刀具/工件的接触区域。

6.2.1 五轴侧铣过程中刀具/工件接触区域的确定

为便于叙述，以立铣刀对长方体工件侧铣加工（侧倾角为 $-10°$，前倾角为 $0°$）为例，阐述刀具/工件接触区域的确定方法。假设刀具坐标系与工件坐标系重合，刀具在旋转状态下，其任意横截面曲线均围绕刀具轴线旋转，可以将刀具视为由无数条曲线包络形成的实体[143]。将铣刀沿轴线方向离散成若干层微元，将每一层微元离散成若干点，根据第 5 章式（5.1）将刀具坐标系下的点转化到进给坐标系，转化后的刀具姿态如图 6.1（a）所示。根据工件形状定义接触区间 A，将刀具坐标系投影到 CN 平面，提取投影到接触区间 A 上的离散点，如图 6.1（a）阴影部分所示。将提取后的点投影到 FN 平面，如图 6.1（b）所示，根据工件在 FN 平面的投影定义接触区域 B，提取投影到接触区域 B 内的点。同时投影到 CN 平面与 FN 平面内的点即刀具/工件的接触区域，如图 6.1（d）所示。

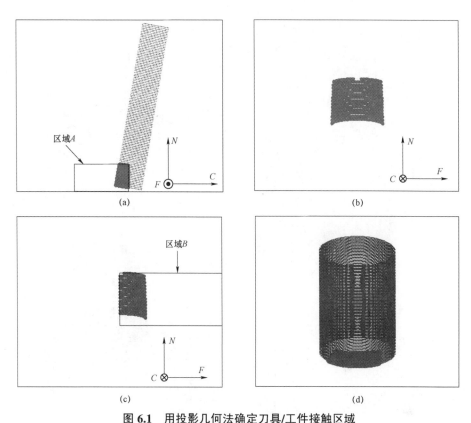

图 6.1　用投影几何法确定刀具/工件接触区域

（a）提取投影到 *CN* 平面上的点；（b）*CN* 平面上的点在 *FN* 平面上的投影；
（c）提取在选定区域内的点；（d）刀具与工件的接触区域（阴影）

6.2.2　五轴球头铣削过程中刀具/工件接触区域的确定

用投影几何法同样能够确定五轴球头铣削过程中刀具/工件的接触区域，步骤与上述五轴侧铣方法类似，此处不再赘述。文献［156，159］指出，球头铣削过程中（槽铣），如果只是铣刀的球头部分参与切削，则刀具/工件接触区域的物理形状不会发生变化，但是接触区域在刀具球头表面的分布位置会发生改变。用投影几何法得到不同刀轴倾角下刀具与工件的接触区域如图 6.2 中阴影区域所示，其中，刀具/工件的接触区域被投影到垂直于刀具轴向的 *xy* 平面上。从图 6.2 中可以看出，随着刀轴姿态的变化，刀具/工件接触区域的位置改变，但是接触区域的形状没有发生改变（因为铣刀球头部分为球面，所以不同刀轴倾角下刀具/工件的接触区域投影到 xy 平面上的形状有所不同，但是实际上刀具/工件在球面上接触区域的形状没有发生改变）。

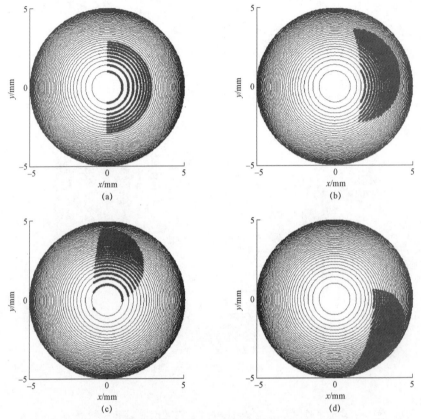

图 6.2　槽铣不同刀具姿态下的刀具/工件接触区域投影图（刀具移动状态下）

（a）侧倾角=0°，前倾角=0°；（b）侧倾角=−10°，前倾角=20°；
（c）侧倾角=−30°，前倾角=−10°；（d）侧倾角=30°，前倾角=30°

6.3　包含多种交互效应的五轴侧铣稳定性分析与实验验证

基于 5.2.2 节建立的包含主轴系统−刀具−工件交互效应的五轴侧铣动力学模型，采用第 2 章提出的三阶埃尔米特−牛顿插值法（3rdH−NAM）获得状态转移矩阵，具体推导过程与第 4 章 4.2.1 节类似。得到状态转移矩阵后，便可根据弗洛凯定理得到五轴侧铣稳定性叶瓣图。文献［175］研究表明，刀轴倾角的变化对刀尖频率响应函数的影响可以忽略不计，因此在确定五轴侧铣稳定性叶瓣图时仍采用第 4 章 4.3.1 节的模态参数。文献［85，163］的研究中，均将五轴端铣与侧铣的切削力系数视为常数，忽略刀轴倾角的影响，因此，本书将五轴侧铣过程的切削力系数视为常数，采用的铣刀与工件材料与第 4 章 4.3.1 节相同，因此切削力系数相同，$K_{tc} = 891\ \text{N/mm}^2$，$K_{rc} = 324\ \text{N/mm}^2$。

当工件切深始终为 2.5 mm 时（当刀轴倾角为 0° 时，径向切深与刀具直径的比值 $a_e/D = 0.5$），由主轴转速与刀轴前倾角构成的五轴铣削稳定性叶瓣图如图 6.3 所示，图中阴影区域为颤振区域，其他区域为稳定切削区域。图 6.3（a）所示为只考虑再生效应获得的稳定性叶瓣图；图 6.3（b）所示为考虑再生效应与过程阻尼获得的稳定性叶瓣图；图 6.3（c）所示为考虑再生效应与刀具结构模态耦合获得的稳定性叶瓣图；图 6.3（d）所示为基于建立的五轴侧铣动力学模型（同时考虑再生效应、过程阻尼与刀具结构模态耦合）获得的稳定性叶瓣图。对比图 6.3（a）、图 6.3（b）可以看出，当考虑过程阻尼时，低主轴转速区域具有较多的稳定区域；对比图 6.3（a）、图 6.3（c）可以看出，当考虑刀具结构模态耦合时，整个主轴转速范围内的稳定区域均有所增加；对比图 6.3（a）、图 6.3（d）可以看出，当同时考虑再生效应、过程阻尼与刀具结构模态耦合时，得到的稳定性叶瓣图中颤振区域明显减少。

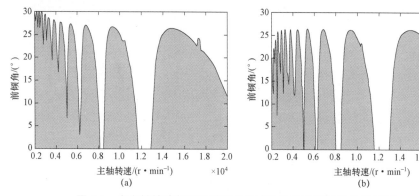

图 6.3　由主轴转速与刀轴前倾角构成的五轴铣削稳定性叶瓣图
（阴影区域为颤振区，切深 2.5 mm）

（a）基于再生效应获得的稳定性叶瓣图；（b）基于再生效应与过程阻尼获得的稳定性叶瓣图

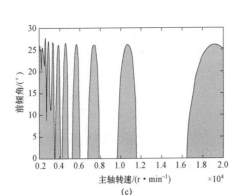
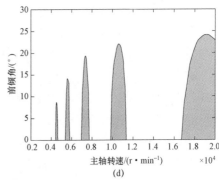

图 6.3　由主轴转速与刀轴前倾角构成的五轴铣削稳定性叶瓣图（续）

（阴影区域为颤振区，切深 2.5 mm）

（c）基于再生效应与刀具结构模态耦合获得的稳定性叶瓣图；

（d）基于再生效应、过程阻尼与刀具结构模态耦合获得的稳定性叶瓣图

　　当工件切深为 2.5 mm 时，由主轴转速与刀轴侧倾角构成的五轴侧铣稳定性叶瓣图如图 6.4 所示，其中，阴影区域为颤振区域。图 6.4（a）所示为只考虑再生效应获得的稳定性叶瓣图；图 6.4（b）所示为考虑再生效应与过程阻尼获得的稳定性叶瓣图；图 6.4（c）所示为考虑再生效应与刀具结构模态耦合获得的稳定性叶瓣图；图 6.4（d）所示为基于建立的五轴侧铣动力学模型（同时考虑再生效应、过程阻尼与刀具结构模态耦合）获得的稳定性叶瓣图。

　　图 6.4 中基于不同动力学模型得到的稳定性叶瓣图的变化趋势与图 6.3 相似，对比图 6.4（d）与图 6.3（d）可以发现，当同时考虑再生效应、过程阻尼与刀具结构模态耦合时，刀轴侧倾角对应着更多的稳定切削区域。从图 6.3 与图 6.4 中可以看出，无论基于何种动力学模型，随着刀轴前倾角或侧倾角的增大，切削状态均逐渐趋于稳定。这是因为当工件切削深度为 2.5 mm 时（相比于直径为 10 mm 的铣刀，切深较小），随着刀轴倾角的增大，刀具与工件的接触区域减小，从而使切削力降低。以前倾角的变化为例，不同刀轴倾角下刀具/工件接触区域上的切入角、切出角如图 6.5 所示。

　　从图 6.5 可以看出，当刀轴前倾角为 0° 时，切入角与切出角为常数，随着前倾角的增大，切出角逐渐减小。值得注意的是，随着刀轴倾角的增大，刀具与工件接触区域的长度逐渐大于 2.5 mm，该长度为沿刀轴轴向的长度，并非工件的实际切深，工件的实际切深仍然为 2.5 mm，没有改变。

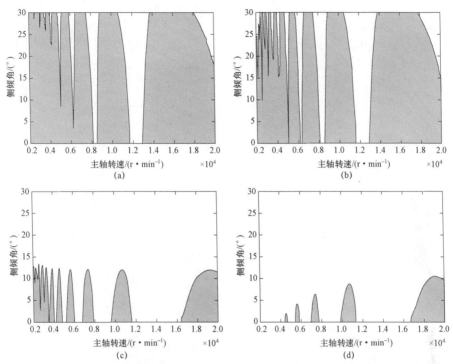

图 6.4　由主轴转速与刀轴侧倾角构成的五轴侧铣稳定性叶瓣图
（阴影区域为颤振区，切深 2.5 mm）

（a）基于再生效应获得的稳定性叶瓣图；（b）基于再生效应与过程阻尼获得的稳定性叶瓣图；
（c）基于再生效应与刀具结构模态耦合获得的稳定性叶瓣图；
（d）基于再生效应、过程阻尼与刀具结构模态耦合获得的稳定性叶瓣图

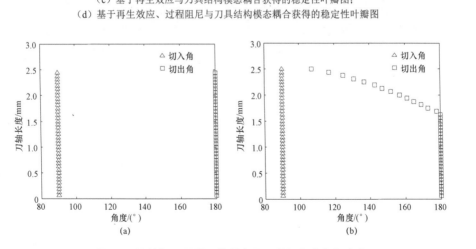

图 6.5　顺铣加工不同刀轴倾角下刀具切入角与切出角

（a）侧倾角 =0°，前倾角 =0°；（b）侧倾角 =0°，前倾角 =10°

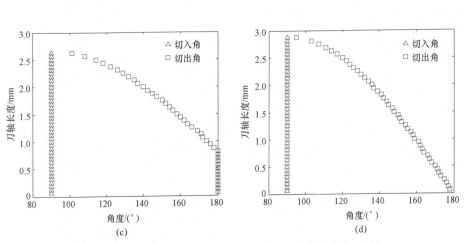

图 6.5 顺铣加工不同刀轴倾角下刀具切入角与切出角（续）

（c）侧倾角=0°，前倾角=20°；（d）侧倾角=0°，前倾角=30°

为研究不同刀轴倾角组合对五轴侧铣稳定性的影响，结合特定的切削参数，对稳定性叶瓣图进行分析。轴向切深为 2.5 mm，主轴转速为 6 000 r/min 时基于不同动力学模型获得的五轴侧铣稳定性叶瓣图如图 6.6 所示，其中阴影区域为颤振区域，其他区域为稳定区域。

图 6.6（a）所示为只考虑再生效应获得的稳定性叶瓣图；图 6.6（b）所示为考虑再生效应与过程阻尼获得的稳定性叶瓣图；图 6.6（c）所示为考虑再生效应与刀具结构模态耦合获得的稳定性叶瓣图；图 6.6（d）所示为基于建立的五轴侧铣动力学模型（同时考虑再生效应、过程阻尼与刀具结构模态耦合）获得的稳定性叶瓣图。对比图 6.6（a）与图 6.6（b）可以看出，当同时考虑再生效应与过程阻尼时，获得的稳定性叶瓣图中稳定区域有所增加，如图 6.6（b）所示；对比图 6.6（c）与图 6.6（a）可以看出，当同时考虑再生效应与刀具结构模态耦合时，获得的稳定性叶瓣图中颤振区域略微减少，同时颤振区域的分布状态发生改变，如图 6.6（c）所示；对比图 6.6（d）与图 6.6（a）可以看出，同时考虑再生效应、刀具结构模态耦合与过程阻尼时，获得的稳定性叶瓣图中颤振区域明显减少。同时，从图 6.6 中可以看出，稳定区域主要集中在稳定性叶瓣图的两侧，在 0°～50° 范围内，前倾角与侧倾角同时增大时会导致五轴侧铣加工过程发生颤振。

为验证建立的五轴侧铣动力学模型在预测五轴侧铣稳定性方面的有效性，用德玛吉五轴加工机床进行铣削实验,刀具、工件材料与第 4 章 4.3.1 节一致。实验过程中，始终保持工件的切削深度为 2.5 mm，每齿进给量为

0.05 mm，用加速度传感器采集切削过程的振动加速度信号，实验现场如图 6.7 所示，实验结果如图 6.8 所示。

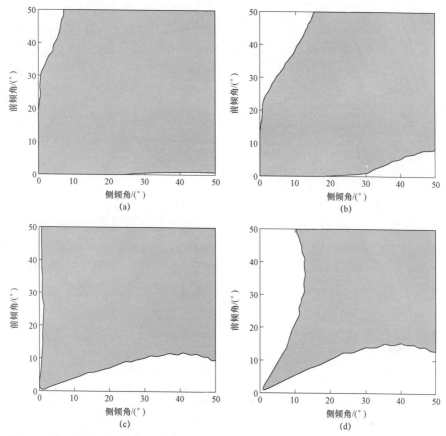

图 6.6　基于不同动力学模型获得的五轴侧铣稳定性叶瓣图（阴影区域为颤振区域）
（a）基于再生效应获得的稳定性叶瓣图；（b）基于再生效应与过程阻尼获得的稳定性叶瓣图；
（c）基于再生效应与刀具结构模态耦合获得的稳定性叶瓣图；
（d）基于建立的五轴侧铣动力学模型获得的稳定性叶瓣图

对图 6.8 中 A、B、C 处切削参数加工的工件表面与振动加速度信号进行分析，结果如表 6.1 所示。从表 6.1 中可以看出，当用点 A 处的参数（5 500 r/min，15°）进行加工时，得到的工件表面较光滑，工件表面纹理与侧铣机理相符；由于刀轴前倾角为 15°，因此工件表面纹理有一定的倾斜，但并不影响工件表面质量；此时工件底部颜色较深（高度较高），是因为在该组参数组合下，工件的侧面与底面不再是垂直关系，而是具有一

图 6.7　不同倾角侧铣实验现场

定的弧度，该区域实际上为过渡圆弧面。在测量表面粗糙度时，取黑色虚线内的表面进行测量，得到的表面粗糙度为 0.78 μm，该参数下振动加速度信号的频率谱主要由基频（91.6 Hz）、刀齿通过频率（275 Hz）及其谐波构成，无颤振频率；当用点 B 处的参数（5 500 r/min，5°）进行加工时，工件表面出现振纹，具有较大的高度差，表面粗糙度较高，为 2.26 μm，该参数下振动加速度信号的频谱中不仅有基频（91.6 Hz）、刀齿通过频率（275 Hz）及其谐波，还存在颤振频率（1 030 Hz，1 305 Hz）；当用点 C 处的参数（6 000 r/min，5°）进行加工时，工件表面较光滑，表面纹理与侧铣机理相符；表面粗糙度为 0.92 μm，该参数下振动信号的频率谱主要由基频（100 Hz）、刀齿通过频率（300 Hz）及其谐波构成。

从图 6.8 所示的实验结果可以看出，在主轴转速较低的情况下，用建立的五轴侧铣动力学模型能够准确预测实际加工状态，如图 6.8（a）所示。在主轴转速较高的情况下，预测结果与实验结果具有一些差距，如图 6.8（b）

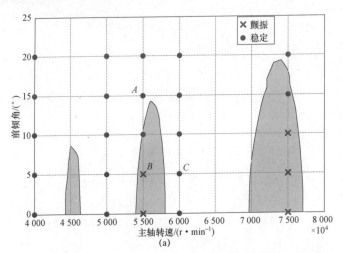

图 6.8　五轴侧铣稳定性预测实验验证（阴影区域为颤振区域）

（a）低主轴转速时验证结果

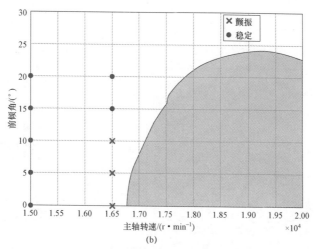

图 6.8　五轴侧铣稳定性预测实验验证（阴影区域为颤振区域）（续）

（b）高主轴转速时验证结果

所示，实际加工过程中预测的稳定区域发生了颤振。这是因为主轴在高速旋转状态下，由于主轴系统中离心力与陀螺力矩的作用，导致主轴系统动态特性发生变化，从而降低预测的准确度。后续章节将针对主轴高速状态下的铣削稳定性进行研究。

综上所述，与传统动力学模型相比，建立的包含主轴系统–刀具–工件交互效应的五轴侧铣动力学模型能够更加可靠地预测低主轴转速下的切削状态。

表 6.1　不同刀轴倾角下工件表面形貌与加工过程振动加速度信号频谱

参数组合	表面粗糙度	表面形貌	振动信号频谱
A	0.78 μm	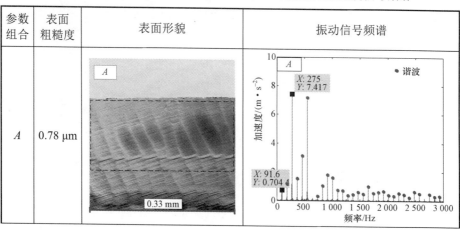	

续表

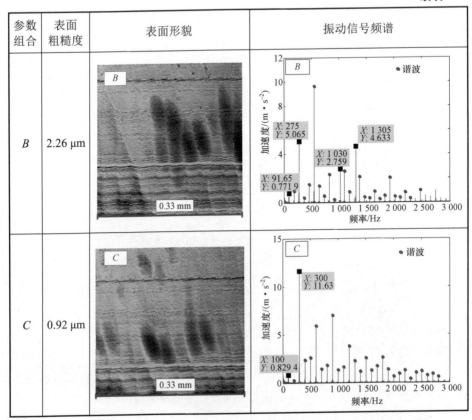

参数组合	表面粗糙度	表面形貌	振动信号频谱
B	2.26 μm		
C	0.92 μm		

6.4 包含多种交互效应的五轴球头
铣削稳定性分析与实验验证

6.4.1 参数辨识

1. 模态参数辨识

文献［175］研究表明，刀轴倾角的变化对刀尖频率响应函数的影响可以忽略不计，本节五轴球头铣削实验采用的刀具及刀具装夹后的悬长与第 4 章 4.3.2 节相同，因此在确定五轴球头铣削稳定性叶瓣图时仍采用 4.3.2 节的模态参数，如表 6.2 所示。

表 6.2　获得的模态参数

方向	频率/Hz	阻尼比	模态质量/kg
xx	1 228.59	0.023 76	0.152 5
xy	1 178.52	0.032 59	0.255 2
yx	1 219.28	0.025 11	0.275 6
yy	1 225.75	0.027 85	0.186 5

2. 切削力系数辨识

切削力系数的准确辨识是精确预测铣削状态的基础。由第 4 章 4.3.2 节可知，球头铣刀球头部分的螺旋角为变量，即沿着刀轴方向球头部分的几何参数发生变化。因此，不同于五轴侧铣，五轴球头铣削过程中，不同刀轴姿态下获得的切削力系数有所不同。用槽铣实验获得不同刀具姿态下的切削力系数。实验过程中，将前倾角设置为 0°，侧倾角依次设置为 0°、5°、10°、15°、20°、25°、30°、35°、40°、45°、50°、55°、60°，用 9257B 型压电式测力仪采集每个刀轴姿态下 x、y、z 方向上的切削力，采集现场如图 6.9 所示。用文献［72］中的方法计算每个刀轴姿态下的切削力系数，不同刀轴姿态下的切削力系数如表 6.3 所示。本章切削深度定义为从工件表面沿其法线方向到最大切除点的距离[158]。

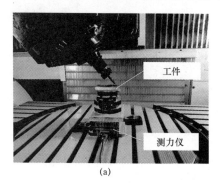 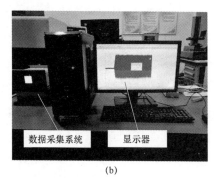

(a)　　　　　　　　　　　　　　(b)

图 6.9　切削力采集实验现场

（a）工件加工现场；（b）切削力采集系统

表 6.3   不同刀轴姿态下的切削力系数

切深/mm	$n_s/$ (r·min^{-1})	γ_l	α_t	$K_{tc}/$ (N·mm^{-2})	$K_{rc}/$ (N·mm^{-2})	$K_{ac}/$ (N·mm^{-2})
0.5	1 200	0°	0°	2 402.60	524.40	1 516.10
0.5	1 200	0°	5°	2 250.20	484.53	904.11
0.5	1 200	0°	10°	1 933.40	653.81	1 017.20
0.5	1 200	0°	15°	2 012.60	765.03	793.91
0.5	1 200	0°	20°	1 702.00	719.75	569.37
0.5	1 200	0°	25°	1 324.20	624.16	368.49
0.5	1 200	0°	30°	1 349.20	639.03	244.22
0.5	1 200	0°	35°	1 258.80	756.97	274.23
0.5	1 200	0°	40°	1 100.80	602.57	81.69
0.5	1 200	0°	45°	1 216.70	677.66	−19.08
0.5	1 200	0°	50°	933.60	453.30	−100.74
0.5	1 200	0°	55°	849.88	405.40	−118.15
0.5	1 200	0°	60°	872.84	534.45	−108.46

　　将刀轴侧倾角作为变量，根据表 6.3 所示数据，可分别将切向切削力系数（K_{tc}）、径向切削力系数（K_{rc}）与轴向切削力系数（K_{ac}）进行拟合，在区间 [0°，60°] 上得到的拟合方程如式（6.1）～式（6.3）所示，拟合曲线如图 6.10 所示。

$$K_{tc} = 0.3\alpha_t^2 - 44.48\alpha_t + 2\,430.82,\ \alpha_t \in [0°,60°] \tag{6.1}$$

$$K_{rc} = -0.24\alpha_t^2 + 12.78\alpha_t + 520.34,\ \alpha_t \in [0°,60°] \tag{6.2}$$

$$K_{ac} = 0.39\alpha_t^2 - 48.22\alpha_t + 1\,382.03,\ \alpha_t \in [0°,60°] \tag{6.3}$$

　　由图 6.10 可知，随着刀轴侧倾角的增大，切向切削力系数（K_{tc}）与轴向切削力系数（K_{ac}）逐渐减小；径向切削力系数（K_{rc}）由大变小，但变化趋势不明显；径向切削力系数（K_{rc}）与切向切削力系数（K_{tc}）始终为正值，表明径向切削力与切向切削力始终有迫使刀具与工件分离的趋势[176]；轴向切削力系数（K_{ac}）由正值逐渐变为负值，表明随着刀具倾角的增大，轴向切削力发生从迫使刀具与工件分离到迫使刀具靠近工件的转变。

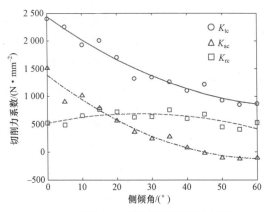

图 6.10 不同刀轴倾角下的切削力系数

为获得不同刀轴倾角下的切削力系数，引入倾斜角 η，该刀轴倾斜角为刀具轴线（Z_t）与曲面法线（N）之间的角度，可由以下公式获得[158]：

$$\eta = \arccos(\cos\gamma_1 \cdot \cos\alpha_t) \tag{6.4}$$

由式（6.4）可知，表 6.3 中的刀具侧倾角可以看作刀轴倾斜角的特例，因此，用刀轴倾斜角 η 替换式（6.1）～式（6.3）中的侧倾角 α_t，则可得到以刀轴倾斜角 η 为变量的切削力系数表达式，如式（6.5）～式（6.7）所示：

$$K_{tc} = 0.3\eta^2 - 44.48\eta + 2\,430.82, \eta \in [0°, 60°] \tag{6.5}$$

$$K_{rc} = -0.24\eta^2 + 12.78\eta + 520.34, \eta \in [0°, 60°] \tag{6.6}$$

$$K_{ac} = 0.39\eta^2 - 48.22\eta + 1\,382.03, \eta \in [0°, 60°] \tag{6.7}$$

6.4.2 实验验证与结果分析

基于第 5 章 5.3.2 节建立的包含主轴系统 – 刀具 – 工件交互效应的五轴球头铣削动力学模型，应用三阶埃尔米特 – 牛顿插值法（3rdH – NAM）可获得与刀具前倾角、侧倾角、轴向切深、主轴转速等参数有关的稳定性叶瓣图。由第 4 章 4.3.2 节可知，铣刀球头部分切削刃磨损带分别为 39.5 μm 与 39.9 μm，本节在计算过程阻尼力时，刀具磨损带取值 40 μm。

基于不同动力学模型生成的以刀轴前倾角与主轴转速、刀轴侧倾角与主轴转速为变量的稳定性叶瓣图（工件切深为 0.5 mm）如图 6.11 与图 6.12

所示。图 6.11（a）所示为基于传统动力学模型（只考虑再生效应）得到的稳定性叶瓣图；图 6.11（b）所示为基于建立的五轴球头铣削动力学模型（同时考虑再生效应、过程阻尼与刀具结构模态耦合）得到的稳定性叶瓣图。其中，阴影区域为颤振区域，其他区域为稳定切削区域。从图 6.11 可以看出，基于两种动力学模型获得的稳定性叶瓣图中，主轴转速对应的颤振区域基本相同，但是从前倾角的角度来讲，采用建立的五轴球头铣削动力学模型获得的稳定性叶瓣图在前倾角较小的条件下具有更多的稳定切削区域，如图 6.11（b）所示。

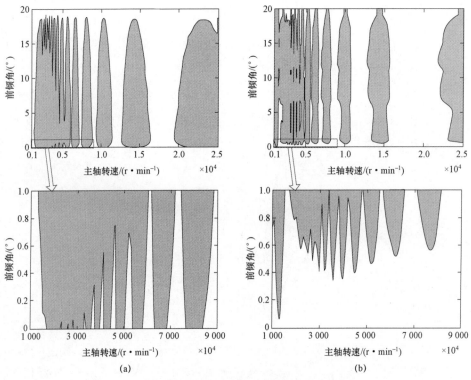

图 6.11　五轴铣削稳定性叶瓣图（阴影区域为颤振区）

（a）只考虑再生效应获得的稳定性叶瓣图；

（b）综合考虑再生效应、过程阻尼与刀具结构模态耦合获得的稳定性叶瓣图

图 6.12（a）、图 6.12（b）所示分别为基于传统动力学模型（只考虑再生效应）与建立的五轴球头铣削动力学模型得到的与刀轴侧倾角、主轴转速有关的稳定性叶瓣图。从图中可以看到，采用建立的动力学模型获得

的稳定性叶瓣图中具有更多的稳定切削区域。对比图 6.11 与图 6.12 可知，刀轴侧倾角对应较多的稳定切削区域。

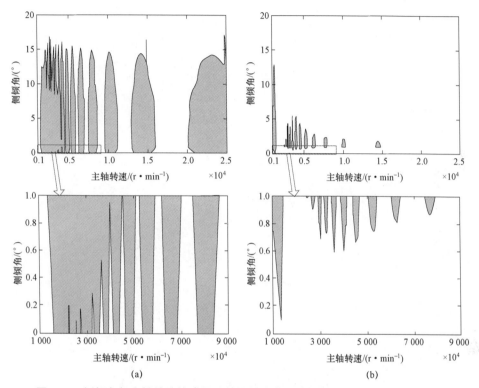

图 6.12　侧倾角与主轴转速构成的五轴铣削稳定性叶瓣图（阴影区域为颤振区）

（a）只考虑再生效应获得的稳定性叶瓣图；（b）综合考虑再生效应、
过程阻尼与刀具结构模态耦合获得的稳定性叶瓣图

从图 6.11 与图 6.12 中可以看出，随着刀轴倾角的增大，切削状态趋于稳定，与 6.3 节五轴侧铣的趋势一致，但原因却与五轴侧铣不同。如 6.2.2 节所述，五轴球头铣削过程中（槽铣），如果只是铣刀的球头部分参与切削，则刀具/工件接触区域的物理形状不会发生变化，但是接触区域在刀具球头表面的位置会发生改变。随着刀轴倾角的增大，刀具/工件接触区域的位置发生改变，从而导致切入角、切出角的变化，如图 6.13 所示。

因为将球头铣刀的球心定义为圆点，所以图 6.13 中的纵坐标为负值，球头部分的半径为 5 mm，纵坐标为−5 mm 的位置为刀尖所在位置。从图 6.13 中可以看出，随着刀轴前倾角的增大，切入角与切出角在刀具上的位置发生了改变。需要说明的是，随着刀轴倾角的增大，沿轴向长度参与切削的部分已经超过 0.5 mm，此长度并非工件实际切削深度，整个过程中工件切削深度始终为 0.5 mm，没有发生改变。

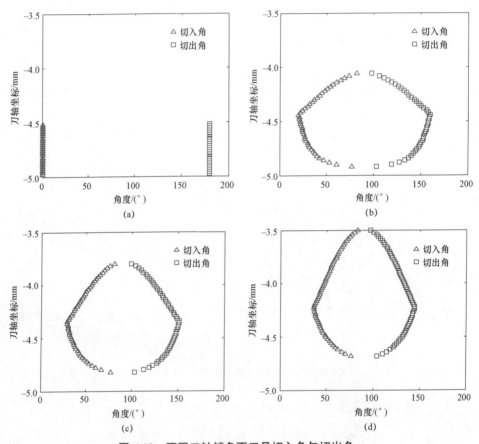

图 6.13　不同刀轴倾角下刀具切入角与切出角

（a）侧倾角 = 0°，前倾角 = 0°；（b）侧倾角 = 0°，前倾角 = 10°；

（c）侧倾角 = 0°，前倾角 = 15°；（d）侧倾角 = 0°，前倾角 = 20°

　　将刀具前倾角与侧倾角的范围设为 0°～50°，分析前倾角、侧倾角对五轴球头铣削稳定性的影响。切削深度为 0.5 mm，主轴转速为 5 000 r/min。基于不同动力学模型获得的五轴铣削稳定性叶瓣图如图 6.14 所示（阴影区域为颤振区域，其他区域为稳定切削区域）。图 6.14（a）所示为只考虑再生效应获得的稳定性叶瓣图；图 6.14（b）所示为考虑再生效应与过程阻尼获得的稳定性叶瓣图；图 6.14（c）所示为考虑再生效应与刀具结构模态耦合获得的稳定性叶瓣图；图 6.14（d）所示为同时考虑再生效应、过程阻尼与刀具结构模态耦合获得的稳定性叶瓣图。对比图 6.14（b）与图 6.14（a）可以看出，当同时考虑再生效应与过程阻尼时，颤振区域的形状没有发生明显的变化，但是相对减小一些，意味着过程阻尼能够增大稳定切削区域；对比图 6.14（c）与图 6.14（a）可以看出，当同时考虑再生效应与刀具结构模态耦合时，颤振区域发生明显变化；图 6.14（d）所示的稳定性叶瓣图表明，在五轴球头铣削过程中，当同时考虑再生效应、过程阻尼与刀具结构模态耦合时，刀具结构模态耦合对颤振区域的影响最大。

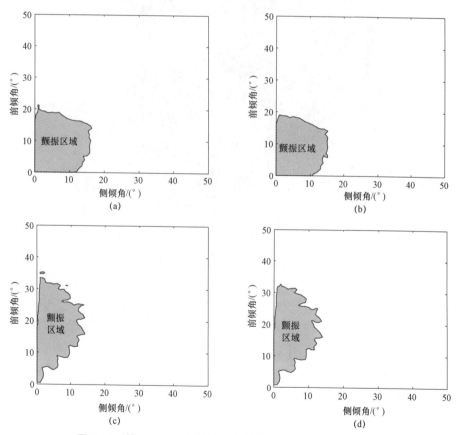

图 6.14　基于不同动力学模型获得的五轴铣削稳定性叶瓣图

（a）只考虑再生效应获得的稳定性叶瓣图；（b）考虑再生效应与过程阻尼获得的稳定性叶瓣图；
（c）考虑再生效应与刀具结构模态耦合获得的稳定性叶瓣图；
（d）考虑再生效应、过程阻尼与刀具结构模态耦合获得的稳定性叶瓣图

　　为验证建立的五轴球头铣削动力学模型在预测五轴球头铣削稳定性方面的有效性，应用德玛吉五轴加工机床进行铣削实验。实验过程中，采用与第 4 章 4.3.2 节相同的刀具（直径为 10 mm 的球头铣刀）与工件材料（钛合金）。铣削过程中每齿进给量设为 0.05 mm。实验过程涉及五轴联动，采利用 Powermill 编程软件生成不同刀轴倾角组合下的加工程序。采用振动加速度采集仪采集铣削过程中的振动加速度信号（该设备的具体参数件见第 4 章 4.3.1 节），实验现场如图 6.15 所示。

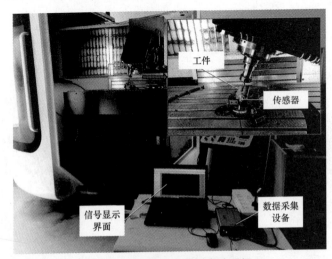

图 6.15　五轴球头铣削实验现场

　　不同刀轴倾角下的实际铣削状态如图 6.16 所示，图中"×"表示实际铣削过程发生颤振，"●"表示实际铣削状态始终保持稳定，"▲"表示由于受其他因素的影响，无法确定是否发生颤振。在图 6.16 中，虚线包围的区域为基于传统动力学模型（只考虑再生效应）获得的颤振区域，实线包围的区域为基于建立的动力学模型获得的颤振区域。

　　根据图 6.16 可知，基于建立的五轴球头铣削动力学模型获得的稳定性叶瓣图更符合实际加工状态，说明建立的动力学模型在预测五轴球头铣削稳定性方面更加可靠。选取图 6.16 中 A（前倾角 $=16°$，侧倾角 $=0°$）、B（前倾角 $=2°$，侧倾角 $=0°$）、C（前倾角 $=0°$，侧倾角 $=16°$）三种刀轴倾角组合下工件的表面形貌与振动加速度信号进行分析。

　　不同刀轴倾角下工件表面形貌与加工过程振动加速度信号的频谱如表 6.4 所示。从表 6.4 可知，当采用 B 点（前倾角 $=2°$，侧倾角 $=0°$）的刀轴倾角进行铣削时，工件表面出现明显的振纹，除此之外，工件表面还存在由于刀尖几何特征所造成的划痕；从频谱图中可以看出，频率谱中存在颤振频率（1 551 Hz，1 717 Hz）。当采用 A 点（前倾角 = 16°，侧倾角 = 0°）与 C 点（前倾角 = 0°，侧倾角 = 16°）的刀轴倾角进行铣削时，工件表面较光滑，表面纹理的方向有所不同。

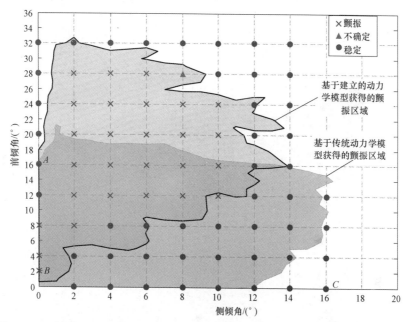

图 6.16　五轴球头铣削实验验证结果（切削深度 0.5 mm，主轴转速 5 000 r/min）

当采用 A 点（前倾角 = 16°，侧倾角 = 0°）与 C 点（前倾角 = 0°，侧倾角 = 16°）的刀轴倾角进行铣削时，两种加工状态下振动加速度信号频谱的频率成分主要是基频（83.4 Hz）、刀齿通过频率（166.6 Hz）及其谐波。当采用 A 点（前倾角 = 16°，侧倾角 = 0°）的刀轴倾角进行铣削时，尽管获得的振动加速度信号在 1 500～2 000 Hz 频率范围内存在其他频率，但从工件表面可以看出没有振纹（图中的纹理是由于刀具进给造成的，并非振纹），因此切削状态稳定。

采用 B 点（前倾角 = 2°，侧倾角 = 0°）刀轴倾角进行铣削时，工件表面粗糙度为 7.0 μm，远高于其他两种刀轴倾角下工件的表面粗糙度（分别为 2.2 μm 与 2.5 μm）。需要指出的是，从图 6.16 中可以看出，在实际铣削中，仍然存在一些与理论预测不一致的切削状态，这可能是由于模态参数和切削力系数的测量误差造成的。但是与传统铣削动力学模型相比，采用建立的五轴球头铣削动力学模型（考虑主轴系统–刀具–工件之间交互效应）获得的稳定性叶瓣图更符合实际加工状态，表明该动力学模型比传统动力学模型在预测五轴球头铣削稳定性方面更加可靠。

表 6.4　不同刀轴倾角下工件表面形貌与加工过程振动加速度信号的频谱

参数组合	表面粗糙度	表面形貌	振动信号频谱
A	2.2 μm		
B	7.0 μm		
C	2.5 μm		

6.5　本章小结

本章研究了主轴系统－刀具－工件交互效应对五轴侧铣、五轴球头铣削稳定性的影响规律。利用投影几何法确定不同刀轴倾角下刀具/工件的接触区域，基于构建的五轴铣削动力学模型分别研究了刀轴前倾角、侧倾角等参数对五轴侧铣、五轴球头铣削稳定性的影响规律。通过五轴侧铣与五轴球头铣削实验对建立的五轴侧铣、五轴球头铣削动力学模型进行验证。通过本章研究得到的主要结论如下：

（1）五轴侧铣与五轴球头铣削过程中，与只考虑再生效应的动力学模型相比，当同时考虑再生效应、过程阻尼与刀具结构模态耦合时，得到的稳定性叶瓣图中颤振区域明显减少。

（2）五轴侧铣中，当切削深度较小时，在一定范围内，随着刀轴前倾角或侧倾角的增大，刀具与工件的接触区域减小，从而降低切削力，切削状态趋于稳定。

（3）五轴球头铣削中，在一定范围内，随着刀轴倾角的增大，切削状态趋于稳定，若只有铣刀球头部分参与切削，则刀具/工件接触区域物理形状不会发生变化，但接触区域在刀具球头表面的位置发生改变，导致切入角、切出角沿刀具轴线上移，使切削状态趋于稳定。

（4）实验结果表明，与只考虑再生效应的五轴铣削动力学模型相比，采用建立的五轴铣削动力学模型（综合考虑再生效应、过程阻尼与刀具结构模态耦合）获得的稳定性叶瓣图能够更加准确地预测实际加工状态。

第 7 章

主轴系统－刀具－工件交互效应下的高速铣削稳定性分析

7.1 引　言

在高主轴转速条件下，由于受陀螺效应与离心力影响，切削系统动态特性发生改变，静态下测得的刀尖模态参数难以准确反映高速铣削状态下切削过程的稳定性。为研究高速切削状态下主轴系统－刀具－工件交互效应对多轴铣削稳定性的影响，本章建立了主轴系统动力学模型，基于该模型研究了高速状态下主轴系统的陀螺效应、离心力对刀尖动态特性的影响，建立了主轴转速与刀尖固有频率之间的映射关系，提出了考虑速度效应（陀螺效应、离心力、轴承刚度软化）与刀具－工件交互效应的五轴铣削动力学模型，对高速铣削条件下主轴系统－刀具－工件之间的交互机理进行了深入研究，揭示了高速切削状态下五轴铣削稳定性的动态演变规律。

7.2　主轴系统动力学模型建立的通用方法

主轴系统是数控机床的核心部件，其动态特性的变化对铣削稳定性具有重要影响。本章采用 Cao 与 Altintas[22,25]提出的通用建模法对主轴系统进行建模，以转子系统为例，对模型推导过程进行说明。

7.2.1　刚性圆盘运动方程的建立方法

典型的转子如图 7.1 所示，图中圆盘上 P 点受位移 u、v、w、θ_y、θ_z 的影响。

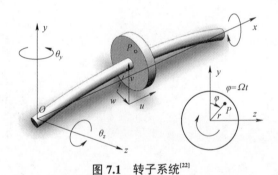

图 7.1　转子系统[22]

假设圆盘固定，当变形量较小时可忽略旋转方向的影响，则点 P 的坐标可表示为

$$\begin{Bmatrix} x \\ y \\ z \end{Bmatrix} = \begin{Bmatrix} x_0 \\ 0 \\ 0 \end{Bmatrix} + \boldsymbol{M}_{\mathrm{T}} \begin{Bmatrix} 0 \\ r \cdot \cos\varphi \\ r \cdot \sin\varphi \end{Bmatrix} \tag{7.1}$$

在式（7.1）中，转换矩阵 $\boldsymbol{M}_{\mathrm{T}}$ 如下所示：

$$\boldsymbol{M}_{\mathrm{T}} = \begin{bmatrix} \cos\theta_z & -\sin\theta_z & 0 \\ \sin\theta_z & \cos\theta_z & 0 \\ 0 & 0 & 1 \end{bmatrix} \cdot \begin{bmatrix} \cos\theta_y & 0 & \sin\theta_y \\ 0 & 1 & 0 \\ -\sin\theta_y & 0 & \cos\theta_y \end{bmatrix} \tag{7.2}$$

点 P 的坐标转化为以下形式：

$$\begin{Bmatrix} x \\ y \\ z \end{Bmatrix} = \begin{Bmatrix} x_0 - r \cdot \cos\varphi \cdot \sin\theta_z + r \cdot \sin\varphi \cdot \sin\theta_y \cdot \cos\theta_z \\ r \cdot \cos\varphi \cdot \cos\theta_z + r \cdot \sin\varphi \cdot \sin\theta_y \cdot \sin\theta_z \\ r \cdot \sin\varphi \cdot \cos\theta_y \end{Bmatrix} \tag{7.3}$$

由于角位移 θ_z 与 θ_y 较小，因此在 x 轴假设 $\cos\theta_z \approx 1$，在 y 轴假设 $\sin\theta_z \approx 0$，则点 P 的坐标可以简化为以下形式：

$$\begin{Bmatrix} x \\ y \\ z \end{Bmatrix} = \begin{Bmatrix} x_0 + u - r \cdot \cos\varphi \cdot \sin\theta_z + r \cdot \sin\varphi \cdot \sin\theta_y \\ v + r \cdot \cos\varphi \cdot \cos\theta_z \\ w + r \cdot \sin\varphi \cdot \cos\theta_y \end{Bmatrix} \tag{7.4}$$

根据式（7.4），可得到点 P 处的速度表达式为

$$\begin{Bmatrix} \dot{x} \\ \dot{y} \\ \dot{z} \end{Bmatrix} = \begin{Bmatrix} \dot{u} - r(-\Omega \cdot \sin\varphi \cdot \sin\theta_z + \cos\varphi \cdot \cos\theta_z \cdot \dot{\theta}_z) + r(\Omega \cdot \cos\varphi \cdot \sin\theta_y + \sin\varphi \cdot \cos\theta_y \cdot \dot{\theta}_y) \\ \dot{v} - r \cdot (\Omega \cdot \sin\varphi \cdot \cos\theta_z + \cos\varphi \cdot \sin\theta_z \cdot \dot{\theta}_z) \\ \dot{w} + r \cdot (\Omega \cdot \cos\varphi \cdot \cos\theta_y - \sin\varphi \cdot \sin\theta_y \cdot \dot{\theta}_y) \end{Bmatrix} \tag{7.5}$$

当位移较小时，假设 $\cos\theta_y \approx 1$，$\cos\theta_z \approx 1$，$\sin\theta_y \approx \theta_y$，$\sin\theta_z \approx \theta_z$，式（7.5）简化为以下形式：

$$\begin{Bmatrix} \dot{x} \\ \dot{y} \\ \dot{z} \end{Bmatrix} = \begin{Bmatrix} \dot{u} + \Omega \cdot r \cdot \theta_z \cdot \sin\varphi + \Omega \cdot r \cdot \theta_y \cdot \cos\varphi - r \cdot \cos\varphi \cdot \dot{\theta}_z + r \cdot \sin\varphi \cdot \dot{\theta}_y \\ \dot{v} - r \cdot (\Omega \cdot \sin\varphi + \cos\varphi \cdot \theta_z \cdot \dot{\theta}_z) \\ \dot{w} + r \cdot (\Omega \cdot \cos\varphi - \sin\varphi \cdot \theta_y \cdot \dot{\theta}_y) \end{Bmatrix} \tag{7.6}$$

如果点 P 处具有微分质量 $\mathrm{d}m$，则其动能为

$$\mathrm{d}E_k = \frac{1}{2}\mathrm{d}m(\dot{x}^2 + \dot{y}^2 + \dot{z}^2) \tag{7.7}$$

式中，$\mathrm{d}m = t_0 \cdot \rho \cdot r \cdot \mathrm{d}r \cdot \mathrm{d}\varphi$。整个圆盘的动能为

$$E_k = \int_a^b \int_0^{2\pi} \frac{1}{2} t_0 \rho r(\dot{x}^2 + \dot{y}^2 + \dot{z}^2)\mathrm{d}r\mathrm{d}\varphi \tag{7.8}$$

对式（7.8）进行求解，可得

$$E_k = (b^4 - a^4)[\rho t_0\pi(\Omega^2\theta_y^2 + \Omega^2\theta_z^2 + 2\Omega^2 - 2\Omega\theta_y\dot{\theta}_z + 2\Omega\dot{\theta}_y\theta_z + \theta_y^2\dot{\theta}_y^2 + \dot{\theta}_y^2 + \theta_z^2\dot{\theta}_z^2 + \dot{\theta}_z^2)]/8 + (b^2 - a^2)\rho t_0\pi(2\dot{u}^2 + 2\dot{v}^2 + 2\dot{w}^2)/4 \tag{7.9}$$

忽略二次项 θ_y^2、θ_z^2、$\theta_y \cdot \theta_z$，可得

$$E_k = \frac{1}{2}J_D\Omega^2 + \frac{1}{2}J_D\Omega(\dot{\theta}_y\theta_z - \theta_y\dot{\theta}_z) + \frac{1}{2}I_D(\dot{\theta}_y^2 + \dot{\theta}_z^2) + \frac{1}{2}m_D(\dot{u}^2 + \dot{v}^2 + \dot{w}^2)$$

（7.10）

式中，$m_D = (b^2 - a^2)\rho t_0 \pi$，$J_D = \frac{1}{2}m_D(b^2 + a^2)$，$I_D = \frac{1}{4}m_D(b^2 + a^2)$。

如果中心质量不在圆盘的几何中心，并且这两个中心之间的距离是 e_d，则 y 和 z 方向上的广义力为

$$F_v = m_D \cdot e_d \cdot \Omega^2 \cdot \cos(\Omega t) \; ; \quad F_w = m_D \cdot e_d \cdot \Omega^2 \cdot \sin(\Omega t) \quad （7.11）$$

根据式（5.10）可得

$$\frac{\mathrm{d}}{\mathrm{d}t}\left(\frac{\partial E_k}{\partial \dot{u}}\right) = m_D \cdot \ddot{u} \; ; \quad \frac{\partial E_k}{\partial u} = 0 \quad （7.12）$$

$$\frac{\mathrm{d}}{\mathrm{d}t}\left(\frac{\partial E_k}{\partial \dot{v}}\right) = m_D \cdot \ddot{v} \; ; \quad \frac{\partial E_k}{\partial v} = 0 \quad （7.13）$$

$$\frac{\mathrm{d}}{\mathrm{d}t}\left(\frac{\partial E_k}{\partial \dot{w}}\right) = m_D \cdot \ddot{w} \; ; \quad \frac{\partial E_k}{\partial w} = 0 \quad （7.14）$$

$$\frac{\mathrm{d}}{\mathrm{d}t}\left(\frac{\partial E_k}{\partial \dot{\theta}_y}\right) = \frac{1}{2}J_D \cdot \Omega \cdot \dot{\theta}_z + I_D\ddot{\theta}_y \; ; \quad \frac{\partial E_k}{\partial \theta_y} = -\frac{1}{2} \cdot J_D \cdot \Omega \cdot \dot{\theta}_z \quad （7.15）$$

$$\frac{\mathrm{d}}{\mathrm{d}t}\left(\frac{\partial E_k}{\partial \dot{\theta}_z}\right) = -\frac{1}{2}J_D \cdot \Omega \cdot \dot{\theta}_y + I_D\ddot{\theta}_z \; ; \quad \frac{\partial E_k}{\partial \theta_z} = \frac{1}{2} \cdot J_D \cdot \Omega \cdot \dot{\theta}_y \quad （7.16）$$

根据拉格朗日方程，可得

$$\frac{\mathrm{d}}{\mathrm{d}t}\left(\frac{\partial E_k}{\partial \dot{u}}\right) - \frac{\partial E_k}{\partial u} = 0 \; ; \frac{\mathrm{d}}{\mathrm{d}t}\left(\frac{\partial E_k}{\partial \dot{\theta}_y}\right) - \frac{\partial E_k}{\partial \theta_y} = 0 \; ; \frac{\mathrm{d}}{\mathrm{d}t}\left(\frac{\partial E_k}{\partial \dot{v}}\right) - \frac{\partial E_k}{\partial v} = F_v \; ;$$

$$\frac{\mathrm{d}}{\mathrm{d}t}\left(\frac{\partial E_k}{\partial \dot{\theta}_z}\right) - \frac{\partial E_k}{\partial \theta_z} = 0 \; ; \frac{\mathrm{d}}{\mathrm{d}t}\left(\frac{\partial E_k}{\partial \dot{w}}\right) - \frac{\partial E_k}{\partial w} = F_w$$

（7.17）

由以上方程，可得

$$\begin{cases} m_D \cdot \ddot{u} = 0 \\ m_D \cdot \ddot{v} = F_v \\ m_D \cdot \ddot{w} = F_w \\ J_D \cdot \Omega \cdot \dot{\theta}_z + I_D \cdot \ddot{\theta}_y = 0 \\ -J_D \cdot \Omega \cdot \dot{\theta}_y + I_D \cdot \ddot{\theta}_z = 0 \end{cases} \quad （7.18）$$

式（7.18）可以表达为以下矩阵形式：

$$[\boldsymbol{M}^{\mathrm{d}}] \bullet \{\ddot{\boldsymbol{q}}\} - \Omega \bullet [\boldsymbol{G}^{\mathrm{d}}] \bullet \{\dot{\boldsymbol{q}}\} = \{\boldsymbol{F}^{\mathrm{d}}\} \qquad (7.19)$$

式中，$[\boldsymbol{M}^{\mathrm{d}}]$，$[\boldsymbol{G}^{\mathrm{d}}]$，$\{\boldsymbol{F}^{\mathrm{d}}\}$，$\{\boldsymbol{q}\}$ 分别为质量矩阵、陀螺矩阵、力向量与位移向量，如下：

$$[\boldsymbol{M}^{\mathrm{d}}] = \begin{bmatrix} m_D & 0 & 0 & 0 & 0 \\ 0 & m_D & 0 & 0 & 0 \\ 0 & 0 & m_D & 0 & 0 \\ 0 & 0 & 0 & I_D & 0 \\ 0 & 0 & 0 & 0 & I_D \end{bmatrix} \qquad (7.19a)$$

$$[\boldsymbol{G}^{\mathrm{d}}] = \begin{bmatrix} 0 & 0 & 0 & 0 & 0 \\ 0 & 0 & 0 & 0 & 0 \\ 0 & 0 & 0 & 0 & 0 \\ 0 & 0 & 0 & 0 & -J_D \\ 0 & 0 & 0 & J_D & 0 \end{bmatrix} \qquad (7.19b)$$

$$\{\boldsymbol{F}^{\mathrm{d}}\} = \begin{bmatrix} 0 \\ F_v \\ F_w \\ 0 \\ 0 \end{bmatrix} \qquad (7.19c)$$

$$\{\boldsymbol{q}\} = \begin{bmatrix} u \\ v \\ w \\ \theta_y \\ \theta_z \end{bmatrix} \qquad (7.19d)$$

7.2.2　主轴动力学模型的建立方法

研究表明铁木辛柯梁理论更适合主轴系统的建模[177]，本章采用铁木辛柯梁单元对主轴单元进行建模。典型的两节点铁木辛柯梁单元如图 7.2 所示，该梁单元中，x 方向为梁单元轴向。每个节点有三个平移自由度与两个转动自由度。

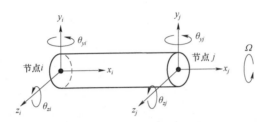

图 7.2 铁木辛柯梁单元[14]

梁单元动能推导过程与圆盘单元类似，根据有限元方法，可得到梁单元运动方程的矩阵形式，如式（7.20）所示[14, 178, 179]：

$$[M^b] \cdot \{\ddot{u}\} - \Omega \cdot [G^b] \cdot \{\dot{u}\} + ([K^b] + [K^b]_P - \Omega^2 [M^b]_c)\{u\} = \{F^b\} \quad (7.20)$$

式中，$[M^b]$ 为质量矩阵；$[M^b]_c$ 为计算离心力时的附加质量矩阵；$[G^b]$ 为反对称的陀螺矩阵；$[K^b]$ 为刚度矩阵；$[K^b]_P$ 为轴向载荷引起的附加刚度矩阵；$\{F^b\}$ 为外力向量。上标 b 代表梁。由于系统的阻尼比较复杂，该方程中不包含阻尼项，下文会通过实验获得阻尼。

7.2.3 角接触球轴承动力学模型的建立方法

基于 Jones 轴承模型[23]，将轴承建为包含滚动体离心力与陀螺力矩的标准非线性动力学模型。角接触球轴承的几何图形与坐标系如图 7.3 所示。轴承内圈、外圈与滚动体之间的 Hertzian 接触力如下[180]。

$$Q_{ik} = K_i \cdot \delta_{ik}^{1.5}; Q_{ok} = K_o \cdot \delta_{ok}^{1.5} \quad (7.21)$$

式中，K_i 与 K_o 为接触系数，具体细节参见文献［181，182］。

当轴承受到作用力时，轴承内、外圈曲率中心之间的距离在 xy 平面内发生变化。假设内圈的运动位移为 δ_x^i、δ_y^i、δ_z^i、γ_y^i、γ_z^i，外圈的运动位移为 δ_x^o、δ_y^o、δ_z^o、γ_y^o、γ_z^o，将轴承外圈看作是固定的，则内圈相对于外圈的位移为[14]

$$\Delta\delta_x = \delta_x^i - \delta_x^o; \ \Delta\delta_y = \delta_y^i - \delta_y^o; \ \Delta\delta_z = \delta_z^i - \delta_z^o; \ \Delta\gamma_y = \gamma_y^i - \gamma_y^o; \ \Delta\gamma_z = \gamma_z^i - \gamma_z^o$$

$$(7.22)$$

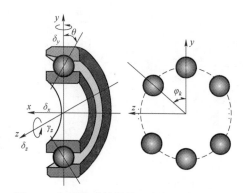

图 7.3　角接触球轴承的几何形状与坐标系

由于计算的是内圈相对于外圈的运动，故外圈曲率中心可看作是固定的。如图 7.4 所示，在轴承发生变形之前，其内圈曲率中心与外圈曲率中心之间的距离为

$$B_d = (f_o + f_i - 1)D_b \tag{7.23}$$

式中，f_o 与 f_i 分别为外圈与内圈的曲率半径常数；D_b 为滚动体直径。当轴承在载荷作用下产生变形时，内圈曲率中心与球心最终位置之间的距离、外圈曲率中心与球心最终位置之间的距离分别为

$$\begin{aligned}
\Delta_{ik} &= r_i - \frac{D_b}{2} + \delta_{ik} = (f_i - 0.5)D_b + \delta_{ik} \\
\Delta_{ok} &= r_o - \frac{D_b}{2} + \delta_{ok} = (f_o - 0.5)D_b + \delta_{ok}
\end{aligned} \tag{7.24}$$

内圈曲率中心的相对位移改变量为

$$\begin{aligned}
\Delta_{icu} &= \Delta \delta_x - \Delta \gamma_z r_{ic} \cos \varphi_k + \Delta \gamma_y r_{ic} \sin \varphi_k \\
\Delta_{icv} &= \Delta \delta_y \cos \varphi_k + \Delta \delta_z \sin \varphi_k
\end{aligned} \tag{7.25}$$

式中，$r_{ic} = 0.5 D_m + (f_i - 0.5)D_b \cos \theta$，$D_m$ 为滚动体节圆直径。如果 $r_{ic} = 0.5 D_m$，则轴承的切向刚度矩阵为对称矩阵。

通过图 7.4 可以推导出以下公式：

$$\begin{aligned}
\sin \theta_{ok} &= \frac{U_k}{(f_o - 0.5)D_b + \delta_{ok}} & \cos \theta_{ok} &= \frac{V_k}{(f_o - 0.5)D_b + \delta_{ok}} \\
\sin \theta_{ik} &= \frac{U_{ik} - U_k}{(f_i - 0.5)D_b + \delta_{ik}} & \cos \theta_{ik} &= \frac{V_{ik} - V_k}{(f_i - 0.5)D_b + \delta_{ik}}
\end{aligned} \tag{7.26}$$

式中

$$U_{ik} = B_{d} \bullet \sin\theta + \Delta\delta_{x} - \Delta\gamma_{z}r_{ic}\cos\varphi_{k} + \Delta\gamma_{y}r_{ic}\sin\varphi_{k}$$
$$V_{ik} = B_{d} \bullet \cos\theta + \Delta\delta_{y}\cos\varphi_{k} + \Delta\delta_{z}\sin\varphi_{k} \tag{7.27}$$

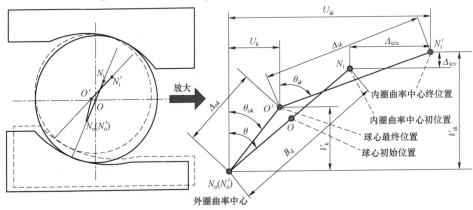

图 7.4 轴承内、外圈曲率中心与滚动体之间的位移关系

从图 7.4 中可以看出，根据勾股定理，可得到工作状态下轴承内部结构的位移关系：

$$(U_{ik}-U_{k})^{2}+(V_{ik}-V_{k})^{2}=\Delta_{ik}^{2}; \quad U_{k}^{2}+V_{k}^{2}=\Delta_{ok}^{2} \tag{7.28}$$

根据图 7.5，可得到以下平衡方程：

$$Q_{ok}\cos\theta_{ok} - \frac{M_{gk}}{D_{b}}\sin\theta_{ok} - Q_{ik}\cos\theta_{ik} + \frac{M_{gk}}{D_{b}}\sin\theta_{ik} - F_{ck} = 0$$
$$Q_{ok}\sin\theta_{ok} + \frac{M_{gk}}{D_{b}}\cos\theta_{ok} - Q_{ik}\sin\theta_{ik} - \frac{M_{gk}}{D_{b}}\cos\theta_{ik} = 0 \tag{7.29}$$

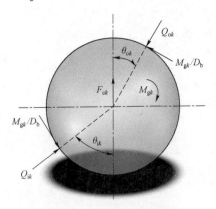

图 7.5 滚动体受力示意图

应用牛顿迭代法对式（7.28）、式（7.29）进行求解，可以得到参数 U_k、V_k、δ_{ok}、δ_{ik} 的具体值[14]。轴承滚动体上的离心力和陀螺力矩可用下式表示[23]：

$$F_{ck} = \frac{1}{2} m D_{\mathrm{m}} \Omega^2 \left(\frac{\Omega_{\mathrm{E}}}{\Omega}\right)_k^2 ; \quad M_{gk} = J_{\mathrm{b}} \Omega^2 \left(\frac{\Omega_{\mathrm{B}}}{\Omega}\right)_k \left(\frac{\Omega_{\mathrm{E}}}{\Omega}\right)_k \sin \alpha_k \quad （7.30）$$

式中，Ω_{B} 为滚动体自转角速度；Ω 为转子旋转角速度；Ω_{E} 为滚动体公转角速度。$\left(\dfrac{\Omega_{\mathrm{B}}}{\Omega}\right)_k$ 的表达式如下：

$$\left(\frac{\Omega_{\mathrm{B}}}{\Omega}\right)_k = \left[\left(\frac{\cos\theta_{ok} + \tan\alpha_k \sin\theta_{ok}}{1 + \vartheta\cos\theta_{ok}} + \frac{\cos\theta_{ik} + \tan\alpha_k \sin\theta_{ik}}{1 - \vartheta\cos\theta_{ik}}\right) \vartheta\cos\alpha_k\right]^{-1}$$

$$（7.30a）$$

$\left(\dfrac{\Omega_{\mathrm{E}}}{\Omega}\right)_k$ 与 $\tan\alpha_k$ 的具体表达形式如表 7.1 所示。

表 7.1　滚动体公转角速度比与姿态角[14,22]

控制类型	外圈控制	内圈控制
$\dfrac{\Omega_{\mathrm{E}}}{\Omega}$	$\dfrac{1 - \vartheta\cos\theta_{ik}}{1 + \cos(\theta_{ik} - \theta_{ok})}$	$\dfrac{\cos(\theta_{ik} - \theta_{ok}) - \vartheta\cos\theta_{ok}}{1 + \cos(\theta_{ik} - \theta_{ok})}$
$\tan\alpha_k$	$\dfrac{\sin\theta_{ok}}{\vartheta + \cos\theta_{ok}}$	$\dfrac{\sin\theta_{ik}}{\cos\theta_{ik} - \vartheta}$

在表 7.1 中，ϑ 为滚动体直径与节圆直径的比值。假设每个轴承的滚动体数量为 L，则施加在轴承内圈上的力为[14]

$$F_{i,x} = \sum_{k=1}^{L} \left(Q_{ik} \sin\theta_{ik} + \frac{M_{gk}}{D_{\mathrm{b}}} \cos\theta_{ik}\right) \quad （7.31）$$

$$F_{i,y} = \sum_{k=1}^{L} \left(Q_{ik} \cos\theta_{ik} - \frac{M_{gk}}{D_{\mathrm{b}}} \sin\theta_{ik}\right) \cos\varphi_k \quad （7.32）$$

$$F_{i,z} = \sum_{k=1}^{L} \left(Q_{ik} \cos\theta_{ik} - \frac{M_{gk}}{D_{\mathrm{b}}} \sin\theta_{ik}\right) \sin\varphi_k \quad （7.33）$$

$$M_{\mathrm{i},y} = +\sum_{k=1}^{L}\left\{ r_{\mathrm{ic}}\left(Q_{ik}\sin\theta_{ik} + \frac{M_{gk}}{D_{\mathrm{b}}}\cos\theta_{ik} \right) - f_{\mathrm{i}}M_{gk} \right\}\sin\varphi_k \qquad (7.34)$$

$$M_{\mathrm{i},z} = -\sum_{k=1}^{L}\left\{ r_{\mathrm{ic}}\left(Q_{ik}\sin\theta_{ik} + \frac{M_{gk}}{D_{\mathrm{b}}}\cos\theta_{ik} \right) - f_{\mathrm{i}}M_{gk} \right\}\cos\varphi_k \qquad (7.35)$$

施加在轴承外圈上的力如下：

$$F_{\mathrm{o},x} = -\sum_{k=1}^{L}\left(Q_{ok}\sin\theta_{ok} + \frac{M_{gk}}{D_{\mathrm{b}}}\cos\theta_{ok} \right) \qquad (7.36)$$

$$F_{\mathrm{o},y} = -\sum_{k=1}^{L}\left(Q_{ok}\cos\theta_{ok} - \frac{M_{gk}}{D_{\mathrm{b}}}\sin\theta_{ok} \right)\cos\varphi_k \qquad (7.37)$$

$$F_{\mathrm{o},z} = -\sum_{k=1}^{L}\left(Q_{ok}\cos\theta_{ok} - \frac{M_{gk}}{D_{\mathrm{b}}}\sin\theta_{ok} \right)\sin\varphi_k \qquad (7.38)$$

$$M_{\mathrm{o},y} = -\sum_{k=1}^{L}\left\{ r_{\mathrm{oc}}\left(Q_{ok}\sin\theta_{ok} + \frac{M_{gk}}{D_{\mathrm{b}}}\cos\theta_{ok} \right) + f_{\mathrm{o}}M_{gk} \right\}\sin\varphi_k \qquad (7.39)$$

$$M_{\mathrm{o},z} = +\sum_{k=1}^{L}\left\{ r_{\mathrm{oc}}\left(Q_{ok}\sin\theta_{ok} + \frac{M_{gk}}{D_{\mathrm{b}}}\cos\theta_{ok} \right) + f_{\mathrm{o}}M_{gk} \right\}\cos\varphi_k \qquad (7.40)$$

式中，$r_{\mathrm{oc}} = 0.5D_{\mathrm{m}} - (f_{\mathrm{o}} - 0.5)D_{\mathrm{b}}\cos\theta$。

轴承内圈所受的合力向量 $\boldsymbol{F}_{\mathrm{i}} = \{F_{\mathrm{i},x} \quad F_{\mathrm{i},y} \quad F_{\mathrm{i},z} \quad M_{\mathrm{i},y} \quad M_{\mathrm{i},z}\}^{\mathrm{T}}$ 与轴承外圈承受的合力向量 $\boldsymbol{F}_{\mathrm{o}} = \{F_{\mathrm{o},x} \quad F_{\mathrm{o},y} \quad F_{\mathrm{o},z} \quad M_{\mathrm{o},y} \quad M_{\mathrm{o},z}\}^{\mathrm{T}}$ 均可表示为轴承内圈位移 $\boldsymbol{\delta}^{\mathrm{i}}$ 与外圈位移 $\boldsymbol{\delta}^{\mathrm{o}}$ 的函数。将力对位移求导，便能够得到轴承刚度矩阵，以轴承内、外圈为例，其刚度矩阵可表示为[14]

$$[\boldsymbol{K}]_{\mathrm{B}} = \frac{\partial \boldsymbol{F}_{\mathrm{i}}}{\partial \boldsymbol{\delta}^{\mathrm{i}}} = \frac{\partial \boldsymbol{F}_{\mathrm{o}}}{\partial \boldsymbol{\delta}^{\mathrm{o}}} \qquad (7.41)$$

式中

$$\frac{\partial \boldsymbol{F}_i}{\partial \boldsymbol{\delta}^i} = \begin{bmatrix} \dfrac{\partial F_{i,x}}{\partial \delta_x^i} & \dfrac{\partial F_{i,x}}{\partial \delta_y^i} & \dfrac{\partial F_{i,x}}{\partial \delta_z^i} & \dfrac{\partial F_{i,x}}{\partial \gamma_y^i} & \dfrac{\partial F_{i,x}}{\partial \gamma_z^i} \\[2mm] \dfrac{\partial F_{i,y}}{\partial \delta_x^i} & \dfrac{\partial F_{i,y}}{\partial \delta_y^i} & \dfrac{\partial F_{i,y}}{\partial \delta_z^i} & \dfrac{\partial F_{i,y}}{\partial \gamma_y^i} & \dfrac{\partial F_{i,y}}{\partial \gamma_z^i} \\[2mm] \dfrac{\partial F_{i,z}}{\partial \delta_x^i} & \dfrac{\partial F_{i,z}}{\partial \delta_y^i} & \dfrac{\partial F_{i,z}}{\partial \delta_z^i} & \dfrac{\partial F_{i,z}}{\partial \gamma_y^i} & \dfrac{\partial F_{i,z}}{\partial \gamma_z^i} \\[2mm] \dfrac{\partial M_{i,y}}{\partial \delta_x^i} & \dfrac{\partial M_{i,y}}{\partial \delta_y^i} & \dfrac{\partial M_{i,y}}{\partial \delta_z^i} & \dfrac{\partial M_{i,y}}{\partial \gamma_y^i} & \dfrac{\partial M_{i,y}}{\partial \gamma_z^i} \\[2mm] \dfrac{\partial M_{i,z}}{\partial \delta_x^i} & \dfrac{\partial M_{i,z}}{\partial \delta_y^i} & \dfrac{\partial M_{i,z}}{\partial \delta_z^i} & \dfrac{\partial M_{i,z}}{\partial \gamma_y^i} & \dfrac{\partial M_{i,z}}{\partial \gamma_z^i} \end{bmatrix} \tag{7.41a}$$

$$\frac{\partial \boldsymbol{F}_o}{\partial \boldsymbol{\delta}^o} = \begin{bmatrix} \dfrac{\partial F_{o,x}}{\partial \delta_x^o} & \dfrac{\partial F_{o,x}}{\partial \delta_y^o} & \dfrac{\partial F_{o,x}}{\partial \delta_z^o} & \dfrac{\partial F_{o,x}}{\partial \gamma_y^o} & \dfrac{\partial F_{o,x}}{\partial \gamma_z^o} \\[2mm] \dfrac{\partial F_{o,y}}{\partial \delta_x^o} & \dfrac{\partial F_{o,y}}{\partial \delta_y^o} & \dfrac{\partial F_{o,y}}{\partial \delta_z^o} & \dfrac{\partial F_{o,y}}{\partial \gamma_y^o} & \dfrac{\partial F_{o,y}}{\partial \gamma_z^o} \\[2mm] \dfrac{\partial F_{o,z}}{\partial \delta_x^o} & \dfrac{\partial F_{o,z}}{\partial \delta_y^o} & \dfrac{\partial F_{o,z}}{\partial \delta_z^o} & \dfrac{\partial F_{o,z}}{\partial \gamma_y^o} & \dfrac{\partial F_{o,z}}{\partial \gamma_z^o} \\[2mm] \dfrac{\partial M_{o,y}}{\partial \delta_x^o} & \dfrac{\partial M_{o,y}}{\partial \delta_y^o} & \dfrac{\partial M_{o,y}}{\partial \delta_z^o} & \dfrac{\partial M_{o,y}}{\partial \gamma_y^o} & \dfrac{\partial M_{o,y}}{\partial \gamma_z^o} \\[2mm] \dfrac{\partial M_{o,z}}{\partial \delta_x^o} & \dfrac{\partial M_{o,z}}{\partial \delta_y^o} & \dfrac{\partial M_{o,z}}{\partial \delta_z^o} & \dfrac{\partial M_{o,z}}{\partial \gamma_y^o} & \dfrac{\partial M_{o,z}}{\partial \gamma_z^o} \end{bmatrix} \tag{7.41b}$$

上述详细推导过程见文献［14，22，23］。

7.2.4　主轴系统非线性动力学模型的集成方法

根据各部件不同的功能与运行状态，可将主轴系统视为由圆盘、转轴和轴承等构成的集合。对圆盘、主轴和轴承的方程进行组装，可以得到主轴系统的非线性动力学方程，如下[14]：

$$[M]\{\ddot{x}\} + [C]\{\dot{x}\} + [K]\{x\} = \{F\} \tag{7.42}$$

式中，$[M]=[M^b]+[M^d]$ 为主轴系统的质量矩阵；$[K]$ 为主轴系统的等效刚度矩阵，$[K]=[K^b]+[K^b]_P+[K_B]-\Omega^2[M^b]_C$；$[C]$ 为主轴系统的等效阻

尼矩阵，$[C] = [C^s] - \Omega[G^b] - \Omega[G^d]$，$[C^s]$ 为结构阻尼，可以通过模态实验获得；$\{F\} = \{F^b\} + \{F^d\}$。

需要说明的是，上述主轴系统动力学模型建模过程为通用模型的建模方法，针对特定的主轴系统，需要根据主轴系统的结构特点对其进行单元划分与组装。

7.3　陀螺效应与离心力对轴承与刀尖动态特性的影响

主轴自转轴线绕变形前理想中心线的转动称为进动。当转子进动转向与自转方向一致时称为正进动，进动转向与自转方向相反时称为反进动[183]。陀螺效应是主轴系统受到冲击力矩作用产生的[184]。主轴系统在高速运转状态下，由于受陀螺效应与离心力的作用，其进动状态发生改变，动力学特性更加复杂。为研究主轴系统动力学特性变化对刀尖频率响应的影响，首先建立主轴系统的动力学模型。

7.3.1　主轴系统动力学模型建立

7.2 节介绍的是主轴系统动力学模型的通用建模方法，在实际建模过程中应针对所构建主轴系统的结构特点进行单元划分与模型简化。本书研究的五轴加工机床主轴系统如图 7.6 所示，该主轴系统主要包括前轴承、主轴、转子、定子、后轴承等部件。图 7.6（a）所示为该主轴系统的基本组成示意图，图 7.6（b）所示为主轴单元的基本尺寸。

在建立有限元模型时，划分单元数量是确保模型准确的重要因素。为确定能够保证模型预测精度的最小单元数，以对称轴为例建立有限元模型，研究不同单元数下主轴固有频率的预测误差。轴的外径、内径与长度分别为 90 mm、30 mm 和 550 mm。把将主轴划分为 100 个单元得到的固有频率作为精确解，应用 7.2 节所述的铁木辛柯梁理论对主轴进行建模，分析不同单元数下获得的主轴固有频率的收敛性。把主轴划分为 8 个元件（9 个节点）时，空心轴的示意图如图 7.7 所示。

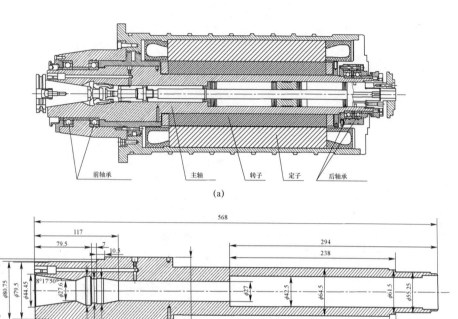

(a)

(b)

图 7.6　主轴系统示意图

（a）主轴−轴承系统；（b）主轴基本尺寸

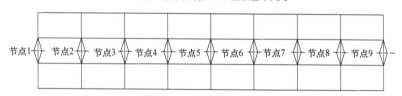

图 7.7　划分为 8 个单元的空心轴（9 节点）

　　主轴划分为不同单元个数时获得的固有频率与精确解的相对误差如图 7.8 所示。从图 7.8 可知，随着划分单元数量的增加，固有频率的误差逐渐减小。但将主轴划分得过于精细会降低计算效率。根据图 7.8 所示结果，当轴单元长度小于等于 550 mm 时，将其划分为 2 个单元便能得到较高的预测精度。需要说明的是，图 7.7 中的主轴只是为便于研究划分精细程度与预测精度之间的关系而给出的一个实例，不是实际主轴单元，但可以视为主轴系统某个单元的一部分，下一步会建立实际主轴系统的有限元模型。

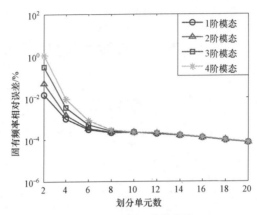

图 7.8　固有频率随单元数收敛速度曲线（5 500 r/min）

　　根据上述分析，参考文献［22，25，29］的建模方法，在建立的模型中，应用铁木辛柯梁理论对主轴进行建模，将转子看作由多个刚性圆盘构成的集合。为便于建模，该有限元模型对实际的主轴系统进行了一些简化。例如，忽略螺纹螺孔的影响，将定子与外壳视为整体。建立的主轴系统动力学模型如图 7.9 所示。图 7.9（a）所示为划分节点图，图 7.9（b）所示为生成的主轴系统有限元模型。

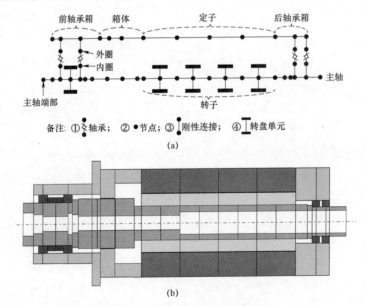

图 7.9　主轴系统动力学模型

（a）主轴系统动力学模型节点图；（b）主轴系统有限元模型

图 7.9 所示为主轴系统—刀具动力学模型，实际加工过程中，刀具是通过刀柄夹持的，刀尖动态特性对铣削稳定性具有直接影响。将图 7.9 所示的动力学模型进行拓展，将刀柄与刀具添加到模型中，如图 7.10 所示。

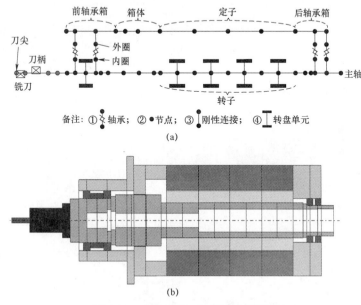

备注：① ξ 轴承；② ● 节点；③ ● 刚性连接；④ Ⅰ 转盘单元

(a)

(b)

图 7.10　主轴系统－刀具动力学模型

（a）主轴系统－刀具动力学模型节点图；（b）主轴系统－刀具有限元模型

7.3.2　主轴系统动力学模型修正

为验证所建立模型的准确性，将采用主轴系统动力学模型获得的刀尖频率响应函数与通过锤击实验获得的刀尖频率响应函数进行对比。如前所述，用建立的主轴系统动力学模型对刀尖频率进行分析时，首先需要通过模态实验确定主轴系统的阻尼系数。Schmitz 与 Smith[84]指出，刀柄部分的阻尼较低，因此在主轴系统的动力学模型中，将主轴系统的阻尼作为输入参数。对主轴系统进行模态测试时，最佳方式是将主轴悬空以确保其处于完全自由状态。但是大多数情况下这是不现实的，因为将主轴从机床上分离是一个十分复杂的过程，该过程有可能会影响机床的加工精度。所以，在模态测试过程中，主轴仍处于安装在机床上的状态，后续再对建立的动力学模型进行修正。

采用北京东方振动和噪声技术研究所（简称东方所）开发的振动系统测试仪对主轴系统进行模态测试。实验过程中，用安装 YD－5T 型石英传感器（量程：0～50 kHz；灵敏度：4.32 pC/N）的中型力锤对主轴系统进行敲击，产生激励信号；用 INV9822 型振动加速度传感器（灵敏度 10.355 mV/ms^{-2}）采集主轴系统的响应信号；用 INV3062T 型 4 通道数据采集设备采集实验过程中的激励与响应信号，用东方所开发的模态分析软件获得主轴系统的阻尼比。实验装置和实验过程如图 7.11 所示。通过实验获得的主轴系统前三阶阻尼比如表 7.2 所示。

图 7.11　主轴系统与模态测试实验现场

（a）主轴系统外部结构；（b）主轴系统；（c）模态测试设备；（d）模态实验现场

表 7.2　主轴系统前三阶阻尼比

模态阶数	阻尼比/%
1 阶	4.516
2 阶	1.210
3 阶	1.235

得到阻尼比后，对模型进行验证。采用建立的主轴系统动力学模型获得的刀尖频率响应函数如图 7.12 所示（实线），将该频响函数与第 4 章 4.3.1 节锤击实验得到的立铣刀刀尖频率响应函数进行对比，如图 7.12（a）所示。图 7.12 中的虚线为第 4 章 4.3.1 节的模态实验获得的刀尖频率响应函数。从图 7.12 中可以看出，仿真得到的刀尖频率响应函数与实验获得的具有一定差距，这主要有以下三方面的原因：① 实验过程中，主轴安装在机床上，主轴与机床之间的约束对主轴系统的动态特性造成影响；② 在建立主轴系统动力学模型过程中，对其进行简化，造成各组成单元的质量

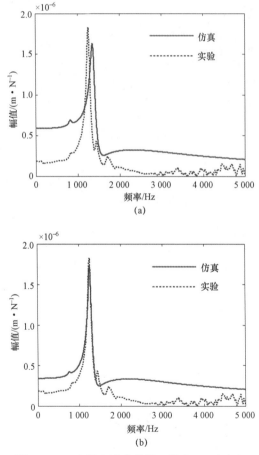

图 7.12　刀尖频率响应曲线（静态，x 方向）

（a）模型修正前刀尖频率响应函数；（b）模型修正后刀尖频率响应函数

发生变化；③ 主轴系统模态参数测试过程中存在误差。为得到更加精确的预测结果，需要对主轴系统动力学模型进行修正。通过修改壳体单元的约束和改变单元元素的质量对模型进行校正。基于校正后的模型获得的刀尖频率响应函数与实验获得的刀尖频率响应函数如图 7.12（b）所示。

从图 7.12（b）可以看出，对模型进行修正后，通过仿真得到的刀尖频率响应函数与实验获得的刀尖频率响应函数在频率数值方面具有较高的一致性，说明修正后的动力学模型能够准确预测实际的固有频率；但两条曲线其他部分并没有完全重合，根据频率响应曲线的物理意义，可知通过动力学模型得到的刀尖阻尼比仍与实际阻尼比有一定差距，主要原因是实际系统中，阻尼十分复杂，难以得到百分之百精确的阻尼结果。文献[93，163]表明主模态频率对颤振具有重要影响，因此，可以应用建立的主轴系统动力学模型研究高速铣削状态下的切削特性。在后续的稳定性预测中，为更加符合实际，采用建立的主轴系统动力学模型预测刀尖在不同转速下的固有频率，通过静态实验获得其他模态参数。

7.3.3　陀螺效应与离心力对轴承刚度的影响

本书研究的主轴系统包含 4 个角接触球轴承，安装位置如图 7.6（a）所示。轴承基本参数如表 7.3 所示。

表 7.3　轴承基本参数

项目	内圈直径/mm	外圈直径/mm	厚度/mm	接触角/（°）
前轴承	80	110	16	25
后轴承	55	80	13	25

根据建立的角接触球轴承动力学模型，可得到轴承在不同转速条件下的刚度曲线，如图 7.13 所示。图 7.13 所示为前轴承的径向刚度曲线，从图中可以看到，随着主轴转速的升高，轴承径向刚度逐渐降低，当主轴转速升高到 20 000 r/min 时，轴承刚度从 2.217×10^8 N/m 降低到 2.109×10^8 N/m，下降了 4.9%。

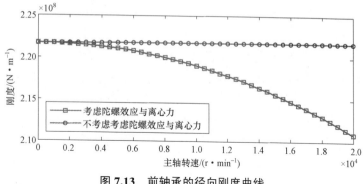

图 7.13 前轴承的径向刚度曲线

7.3.4 主轴系统的陀螺效应与离心力对刀尖动态特性的影响

1. 陀螺效应对刀尖频率响应的影响

采用建立的主轴系统动力学模型分析陀螺效应对刀尖固有频率的影响。当轴承刚度为常数，不考虑阻尼时，刀尖固有频率随主轴转速的变化如图 7.14 所示。图 7.14 表明在正进动状态下，随着转速增大，刀尖固有频率逐渐增大；反进动状态下，随着主轴转速增大，刀尖的固有频率逐渐减小，发生"分叉"现象。原因：在正进动状态下，陀螺力矩使转子的横向变形减小，提高了转轴刚度，相当于刀柄与主轴的结合面刚性增强，导致刀尖的固有频率增大；在反进动状态下，陀螺力矩使转轴的变形增大，降低了转轴刚度，相当于刀柄与转轴的结合面刚性减弱，从而导致刀尖固有频率降低[14]。

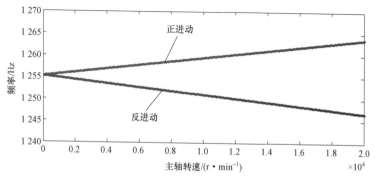

图 7.14 转轴陀螺效应对刀尖固有频率的影响（阻尼比 = 0）

实际上，不能忽略系统阻尼。对主轴系统在不同阻尼比下的动态特性进行分析研究。当主轴转速为 15 000 r/min 时，不同阻尼比状态下陀螺效应对刀尖直接频率响应函数曲线的影响如图 7.15 与图 7.16 所示，图中虚线为不考虑陀螺效应时获得的频率响应函数曲线，实线为考虑陀螺效应时获得的频率响应函数曲线。从图 7.15（a）中可以看出，当系统阻尼比为 0，考虑陀螺效应时，主模态处存在两个峰值，分别对应正进动与反进动状态；从图 7.15（b）、图 7.15（c）可以看出，随着阻尼比的增加，两种进动状态下的峰值逐渐接近，同时主模态的幅值逐渐减小。当阻尼比继续增大时，正进动与反进动的差异消失，如图 7.16（a）所示。从图 7.16 中可以看出，随着阻尼比的增加，陀螺效应对直接频率响应函数的影响逐渐减小，最后考虑陀螺效应获得的频率响应函数曲线与不考虑陀螺效应得到的频率响应函数曲线几乎重合。上述分析表明，当阻尼比较大时，陀螺效应对切削系统直接频率响应函数的影响可忽略不计，当阻尼比大于等于 1% 时，陀螺效应对正进动与反进动的影响便可忽略，即每个转速下只对应着一个主模态频率，说明刀尖不同阶数的固有频率具有唯一性。

陀螺效应对刀尖交叉频率响应函数的影响如图 7.17 所示。从图 7.17 可以看出，当不考虑陀螺效应时，刀尖交叉频率响应函数的幅值较小，如图中虚线所示；当考虑陀螺效应时，刀尖交叉频率响应函数的幅值明显增大，如图 7.17 中实线所示。上述分析结果与文献 [14，29，112] 规律一致，亦证明所构建模型的有效性。

以 x 方向的直接频率响应函数为例，研究阻尼比对频率响应函数的影响。当主轴转速为 0 时，不同阻尼比下刀尖的频率响应函数曲线如图 7.18 所示。从图 7.18 可以看出，当阻尼比为 0 时，刀尖主模态频率响应函数的幅值相对较大，当阻尼比增大到 1% 时，主模态频率响应函数的幅值急剧减小，随着阻尼比继续增加，频率响应函数的幅值逐渐减小，主模态对应的固有频率值稍微降低，这种变化几乎可以忽略不计。同时，由图 7.18 可以看出，对于其他阶频率响应函数（非主模态）而言，随着阻尼比的增大，振动幅值急剧减小，这可能是因为，在一定范围内，随着阻尼比的增大，对主轴系统的振动阻力增大，导致频率响应函数的幅值减小[16]。

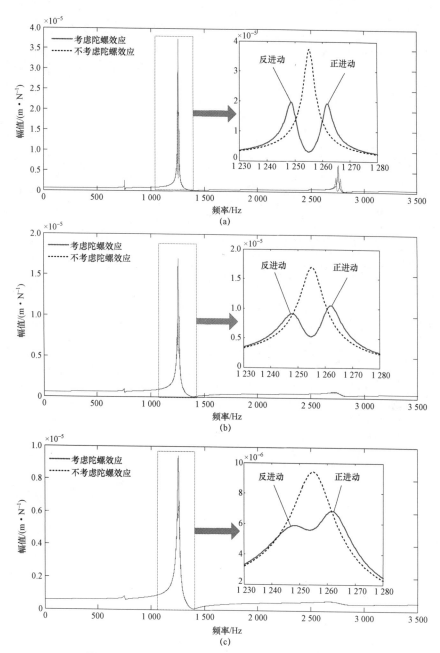

图 7.15　不同阻尼比状态下陀螺效应对刀尖直接频率响应函数曲线的影响（H_{xx}，15 000 r/min）

（a）阻尼比 = 0；（b）阻尼比 = 0.2%；（c）阻尼比 = 0.5%

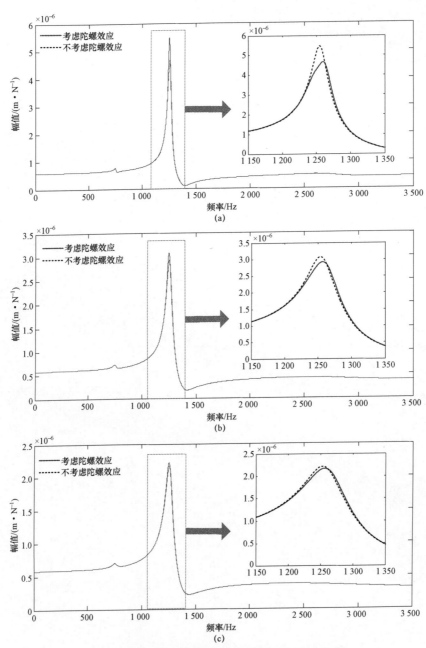

图 7.16 不同阻尼比状态下陀螺效应对刀尖直接频率
响应函数曲线的影响（H_{xx}，15 000 r/min）

（a）阻尼比＝1%；（b）阻尼比＝2%；（c）阻尼比＝3%

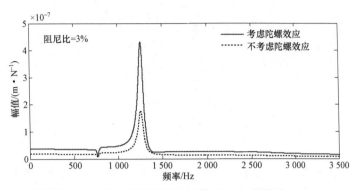

图 7.17 陀螺效应对刀尖交叉频率响应函数（H_{xy}）的影响（15 000 r/min）

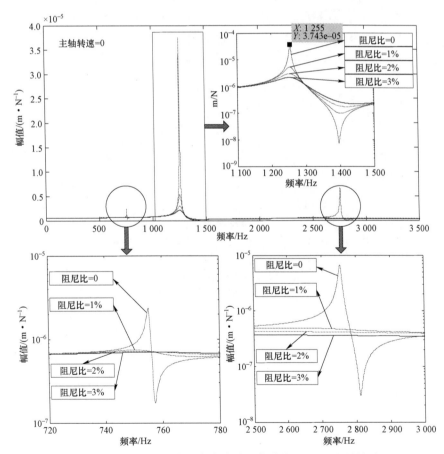

图 7.18 不同阻尼比下刀尖的频率响应函数曲线（H_{xx}，主轴转速＝0）

2. 离心力对刀尖频率响应的影响

从式（7.42）中可以看出，由于在刚度矩阵中存在 $-\Omega^2[M^b]_c$ 项，因此随着主轴转速的升高，转子系统的刚度降低，导致系统固有频率降低。假设轴承刚度不变，不考虑陀螺效应，在离心力作用下刀尖主模态固有频率（x 方向）随主轴转速的变化曲线如图 7.19 所示。从图 7.19 可以看出，随着主轴转速的增加，刀尖固有频率呈下降趋势。当主轴转速小于 8 000 r/min 时，下降趋势不明显，当主轴转速大于 8 000 r/min 时，刀尖固有频率下降趋势加快。这是因为当转速增大时，转子系统的刚度降低，相当于刀柄与主轴结合处的刚度降低，所以刀尖的频率呈现下降趋势。从刚度矩阵中的 $-\Omega^2[M^b]_c$ 项可以看出，主轴系统刚度的变化与主轴角速度为平方关系，所以随着主轴转速的增大，刀尖固有频率降低的幅度越来越大，当主轴转速达到 20 000 r/min 时，固有频率下降了 3%。

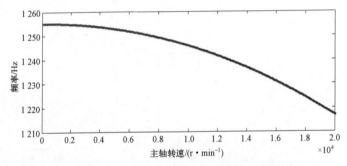

图 7.19 主轴离心力对刀尖固有频率的影响（阻尼比 = 0）

当阻尼比为 0，考虑陀螺效应时，由于离心力的作用，正进动与反进动状态下刀尖的固有频率均会随着主轴转速的增大而减小，如图 7.20 所示。

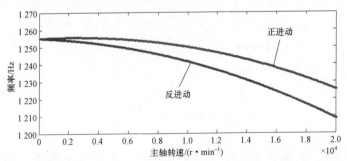

图 7.20 主轴陀螺效应与离心力耦合作用对刀尖固有频率的影响（阻尼比 = 0）

3. 轴承刚度软化与主轴陀螺效应、离心力耦合作用对刀尖频率响应的影响

前面分析了主轴在高速旋转状态下，陀螺效应与离心力对轴承刚度、刀尖固有频率的影响。结果表明随着转速的增大，轴承刚度降低；由于阻尼的存在，陀螺力矩对直接频率响应函数的影响较小，但是对交叉频率响应函数具有很大的影响；另外，主轴离心力对刀尖的固有频率具有较大影响。

当综合考虑离心力与陀螺效应对主轴与轴承刚度的影响时，刀尖（x方向）固有频率变化趋势如图 7.21 所示。从图 7.21 中可以看出，当不考虑离心力与陀螺效应的影响时，刀尖的固有频率为定值，与主轴转速无关；当同时考虑离心力与陀螺效应对主轴的影响时，刀尖固有频率随着转速的增加而减小（由于阻尼比的存在，并没有出现正进动与反进动频率不同的情况，与上述分析结果一致）；当综合考虑离心力与陀螺效应对主轴与轴承刚度的影响时，随着主轴转速的升高，刀尖固有频率的下降趋势更加明显，当主轴转速升高到 20 000 r/min 时，固有频率下降了 4.5%，这是因为随着主轴转速的升高，轴承刚度与主轴刚度同时降低，导致主轴系统动力学模型中等效刚度矩阵的刚度下降，从而降低刀尖的固有频率。

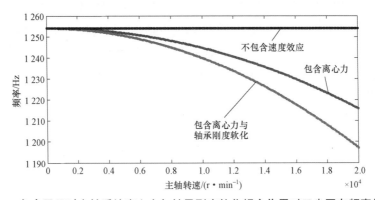

图 7.21　包含阻尼时主轴系统离心力与轴承刚度软化耦合作用对刀尖固有频率的影响

7.4 包含主轴系统速度效应的三轴铣削稳定性分析与实验验证

上述分析表明，随着主轴转速的升高，刀尖固有频率呈下降趋势。图 7.21揭示了刀尖固有频率（刀具悬长为 55 mm）与主轴转速之间的映射关系。接下来研究固有频率下降后对高速铣削稳定性的影响。由于实际切削系统的阻尼十分复杂，因此在模态参数输入时，系统阻尼比与模态质量仍采用实验方式获得的数值，采用主轴系统动力学模型获得不同主轴转速下刀尖的固有频率。因为实验材料、切削刀具与第 4 章 4.3.1 节所用一致，所以切削力系数、模态质量、阻尼比等参数仍采用第 4 章 4.3.1 节的数值，切削力系数为 $K_{tc} = 891 \text{ N/mm}^2$，$K_{rc} = 324 \text{ N/mm}^2$。其他参数如表 7.4 所示。

表 7.4 阻尼比与模态质量

响应方向	阻尼比	模态质量/kg
xx	0.022 16	0.107 9
xy	0.032 98	0.225 2
yx	0.025 91	0.252 6
yy	0.028 72	0.102 6

基于不同动力学模型获得的三轴侧铣稳定性叶瓣图如图 7.22 所示。为便于表述，将陀螺力矩、离心力与轴承刚度软化的共同作用称为速度效应。图 7.22（a）所示为基于再生效应获得的稳定性叶瓣图，图中①号实线为不包含速度效应得到的极限切深，②号实线为包含速度效应得到的极限切深。图 7.22（b）所示为基于再生效应与刀具结构模态耦合获得的稳定性叶瓣图，图中①号实线为不包含刀具结构耦合项速度效应得到的极限切深，②号实线为包含刀具结构耦合项速度效应得到的极限切深。图 7.22（c）所示为基于再生效应、过程阻尼与刀具结构模态耦合获得的稳定性叶瓣图，图中①号实线为不包含速度效应得到的极限切深，②号实线为包含速度效应时得到的极限切深。从图 7.22 中可以看出，基于三种动力学模型获得的稳定性叶瓣图，在主轴转速较低时，速度效应对极限切深几乎没有影

响；随着主轴转速的增大，稳定性叶瓣图的极限切深呈现减小的趋势。

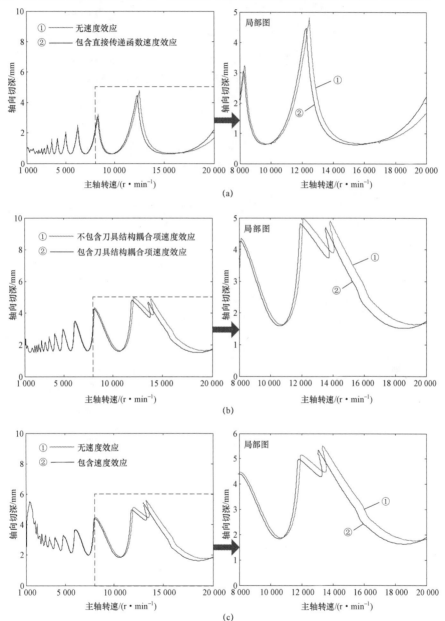

图 7.22　基于不同动力学模型获得的三轴侧铣稳定性叶瓣图（$a_e/D = 0.5$）

（a）基于再生效应获得的稳定性叶瓣图；（b）基于再生效应与刀具结构模态耦合获得的稳定性叶瓣图；
（c）基于再生效应、过程阻尼与刀具结构模态耦合获得的稳定性叶瓣图对稳定性叶瓣图进行实验验证。高速铣削稳定性叶瓣图与实验验证结果如图 7.23 所示。图 7.23 中①号实线为只考虑再生效应获得的稳定性叶瓣图；②号实线为考虑再生效应、过程阻尼与刀具结构模态耦合获得的稳定性叶瓣图；③号实线为考虑再生效应、过程阻尼、刀具结构模态耦合与速度效应获得的稳定性叶瓣图。因为第 4 章已经验证了建立的三轴侧铣动力学模型（综合考虑再生效应、过程阻尼与刀具结构模态耦合）在预测低主轴转速铣削稳定性方面的有效性，所以本次实验主要采用建立的动力学模型验证速度效应对极限切深的影响，实验过程中采集切削过程中的振动加速度信号，传感器布置方案如图 7.24 所示。

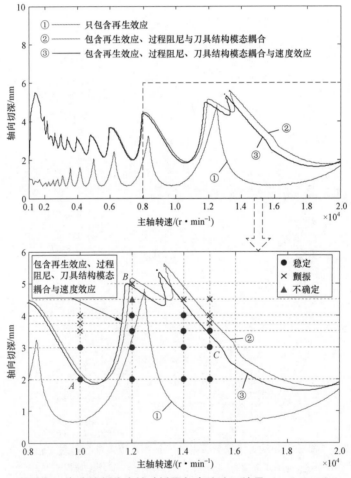

图 7.23 高速铣削稳定性叶瓣图与实验验证结果（$a_e/D = 0.5$）

在验证过程中，选取图 7.23 中的参数对工件进行加工，每齿进给量为 0.02 mm，验证结果如图 7.23 所示。在图 7.23 中，"×"表示实际切削状态发生颤振，"●"表示实际切削状态稳定，"▲"表示不确定是否发生颤振。分别对图 7.23 中参数组合为 *A*（10 000 r/min，2 mm）、*B*（12 000 r/min，5 mm）、*C*（15 000 r/min，3 mm）条件下获得的工件表面形貌与

图 7.24　高速铣削实验现场

振动加速度信号进行分析，分析结果如表 7.5 所示。

从表 7.5 中可以看出，当采用点 *A*（10 000 r/min，2 mm）与点 *C*（15 000 r/min，3 mm）处的参数进行铣削时，工件表面出现条状纹理，与铣削（侧铣）机理相符，振动加速度信号的频率成分主要是基频（分别为 166.6 Hz 与 250 Hz）、刀齿通过频率（分别为 500 Hz 与 750 Hz）及其谐波，刀齿通过频率的能量最大。当采用点 *B*（12 000 r/min，5 mm）处的参数组合进行铣削时，工件表面出现明显振纹，振动加速度信号频率谱中除了包含基频（200 Hz）与刀齿通过频率（600 Hz）外，还出现颤振频率（1 361 Hz）。从表面粗糙度角度分析，点 *B* 参数组合下工件的表面粗糙度为 1.58 μm，高于其他两种参数组合下的表面粗糙度（分别为 0.58 μm 与 0.89 μm）。

从图 7.23 中的实验结果可以看出，与其他稳定性叶瓣图对比，考虑再生效应、过程阻尼、刀具结构模态耦合与速度效应获得的稳定性叶瓣图预测的加工状态与实验结果基本一致，但是仍有一些参数点与实际情况不符，这有可能是因为在计算稳定性叶瓣图的过程中，将阻尼比与模态质量视为常数造成的；另外，主轴系统动力学模型的误差也会对预测结果造成一定的影响。但是与传统动力学模型相比，用建立的动力学模型（考虑速度效应与刀具－工件交互效应）获得的稳定性叶瓣图更加接近实际铣削状态，验证了该动力学模型在预测三轴高速铣削稳定性方面的有效性。

表 7.5　不同刀轴倾角下工件表面形貌与加工过程振动加速度信号频谱

参数组合	表面粗糙度	表面形貌	振动信号频谱
A	0.58 μm		
B	1.58 μm		
C	0.89 μm		

7.5　包含主轴系统速度效应的五轴铣削稳定性分析与实验验证

由第 6 章 6.3 节可知，用建立的五轴铣削动力学模型能够准确预测低速下的切削状态，当主轴转速增大时，预测结果与实际状态存在一定差距，这是因为没有考虑速度效应对刀尖固有频率的影响。在五轴加工过程中，基于建立的五轴侧铣动力学模型，包含速度效应与不包含速度效应时获得的稳定性叶瓣图如图 7.25 所示。

图 7.25 中实线为包含速度效应获得的稳定性叶瓣图（其包围的区域为颤振区域），虚线为不包含速度效应获得的稳定性叶瓣图（其包围的填充区域为颤振区域）。从图 7.25 中可以看出，在主轴转速较低的情况下，两条曲线几乎重合，速度效应对稳定性叶瓣图的影响可以忽略；随着主轴转速的提高，包含速度效应时获得的稳定性叶瓣图中颤振区域明显增大。这是因为随着主轴转速提高，主轴系统刚度下降，造成刀尖固有频率降低，导致切削系统的稳定切削区域减少。对图 7.25 中的稳定性叶瓣图进行实验验证。由于第 6 章 6.3 节已经对低速切削区域进行了验证，因此此次验证主要是对高主轴转速区域进行验证，实验现场如图 7.26 所示。

验证结果如图 7.27 所示。从图 7.27 中可以看出，当考虑速度效应时，获得的稳定性叶瓣图更加符合实际加工状态。对点 A（16 500 r/min，15°）与点 B（16 500 r/min，0°）处参数下获得的工件表面与振动加速度信号进行分析，分析结果如表 7.6 所示。

从表 7.6 可以看出，当采用点 A（16 500 r/min，15°）处的参数进行加工时，工件表面呈现规则的纹理，与侧铣机理相符，表面粗糙度为 0.96 μm，振动信号的频谱中主要由基频（275 Hz）、刀齿通过频率（825 Hz）及其谐波构成。当采用点 B（16 500 r/min，0°）处的参数进行加工时，工件表面出现振纹，表面粗糙度较大，达到 3.62 μm，振动信号的频谱中不仅有基频（275 Hz）与刀齿通过频率（825 Hz），还存在明显的颤振频率（1 456 Hz 与 2 281 Hz）。

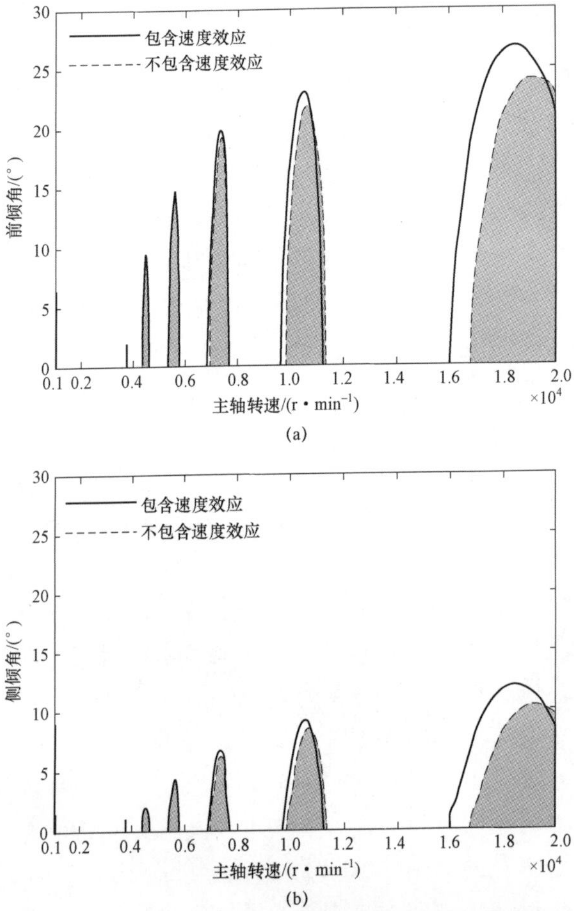

图 7.25 基于不同动力学模型获得的稳定性叶瓣图（曲线包围区域为颤振区域）

（a）前倾角与主轴转速构成的稳定性叶瓣图；（b）侧倾角与主轴转速构成的稳定性叶瓣图

图 7.26 变倾角高速侧铣实验

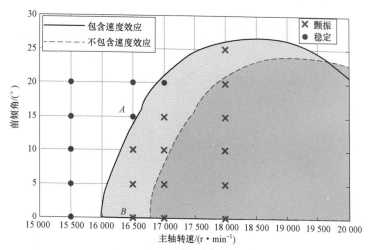

图 7.27　高速侧铣实验验证

综上所述，在主轴转速较高的情况下，速度效应对铣削稳定性的影响不能忽略，建立的考虑速度效应与刀具－工件交互效应的五轴铣削动力学模型能够有效预测高速五轴铣削的加工状态。

表 7.6　不同刀轴倾角下工件表面形貌与加工过程振动加速度信号频谱

参数组合	表面粗糙度	表面形貌	振动信号频谱
A	0.96 μm		

续表

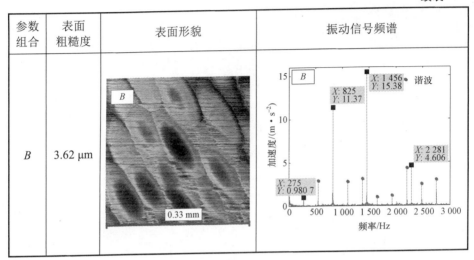

参数组合	表面粗糙度	表面形貌	振动信号频谱
B	3.62 μm		

7.6　本章小结

为研究高速切削状态下主轴系统–刀具–工件交互效应对铣削稳定性的影响，本章建立了主轴系统的动力学模型，通过该模型研究了高速状态下主轴系统陀螺效应、离心力对刀尖动态特性的影响，建立了主轴转速与刀尖固有频率之间的映射关系；提出了考虑速度效应与刀具–工件交互效应的五轴铣削动力学模型，基于该模型能够同时得到既包含过程阻尼又兼顾速度效应的三轴、五轴铣削稳定性叶瓣图；研究了高速切削条件下主轴系统–刀具–工件之间的交互机理，揭示了高速切削状态下五轴铣削稳定性的变化规律。通过铣削实验验证了所建立动力学模型的有效性。通过本章研究得到的主要结论如下：

（1）受离心力与陀螺效应的影响，随着主轴转速的提高，轴承刚度发生软化；随着阻尼比的增加，可以忽略主轴系统正进动、反进动对刀尖直接频率响应函数的影响；陀螺效应会增加刀尖交叉频率响应函数的幅值。

（2）当综合考虑离心力、陀螺效应与轴承刚度软化的影响时，随着主轴转速的提高，刀尖固有频率呈现下降趋势。这是因为随着主轴转速的提高，轴承刚度与主轴刚度同时降低，导致主轴系统动力学模型中等效刚度矩阵的刚度下降，从而降低刀尖的固有频率。

（3）在主轴转速较低时，速度效应对极限切深几乎没有影响；随着主轴转速的增加，速度效应对极限切深的影响逐渐变大，稳定性叶瓣图中的稳定区域呈减小趋势。

（4）对构建的高速铣削动力学模型进行实验验证，结果表明在高速切削条件下，与传统动力学模型相比，建立的考虑速度效应的三轴、五轴铣削动力学模型能够准确预测高主轴转速条件下的铣削状态。

第 8 章

考虑主轴系统－刀具－工件交互效应的微型发动机加工

8.1 引　言

随着无人机与小型飞行器等装备的发展，微型发动机具有广阔的应用前景，对微型发动机各零部件进行高效、高精度的加工在军、民领域具有重要的现实意义。由于微型发动机各零件的尺寸较小，因此对零件的表面质量与加工精度提出了更高要求。由前面章节的研究可知，主轴系统－刀具－工件之间的交互效应对铣削加工稳定性具有较大影响，在精密零件加工中，必须考虑这种交互效应对铣削稳定性的影响，选取合理的加工参数，避免颤振发生。本章基于之前章节提出的三阶埃尔米特－牛顿插值法与考虑主轴系统－刀具－工件交互的五轴侧铣、五轴球头铣削动力学模型，分别得到针对铝合金五轴侧铣与钛合金五轴球头铣削的稳定性叶瓣图，选取合适的无颤振加工参数，对微型发动机的气缸（铝合金）与转子（钛合金）进行加工实验。结果表明，基于建立的动力学模型获得的稳定性叶瓣图能够准确预测切削状态，可实现微型发动机零件的高效、稳定加工。

8.2　微型发动机主要组成部分

与传统发动机相比，微型发动机具有高转速与高能量密度的优点，在军、民等领域具有广阔的应用前景。微型发动机主要由气缸、转子、密封片与偏心轴等四部分构成[185]，其实物如图 8.1 所示，三维装配图如图 8.2 所示。

图 8.1　发动机实物

微型发动机各零件的尺寸较小，对零件的加工生产与装配精度提出了更高的要求，尤其是气缸的内表面与发动机转子的燃烧室，必须保证无振纹产生。某微型发动机的气缸与转子分别如图 8.2（c）、图 8.2（d）所示。对于气缸的外表面可通过精密车削或精密铣削进行加工，气缸定位孔可通过精密钻削进行加工；对于气缸的内表面（型腔），可通过精密铣削进行加工。如图 8.2（d）所示，与传统转子不同，该微型发动机的转子为异形件，尤其对燃烧室的表面质量具有较高的要求，该表面为曲面，可通过精密五轴球头铣削获得。

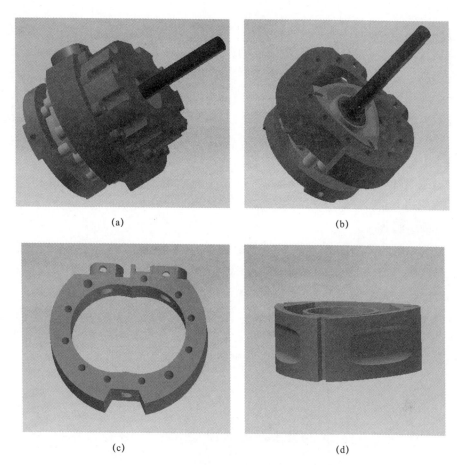

(a)　　　　　　　　　　(b)

(c)　　　　　　　　　　(d)

图 8.2　微型发动机三维装配图及主要部件

（a）整体装配图；（b）内部结构示意图；（c）气缸；（d）转子

8.3　考虑主轴系统－刀具－工件交互
效应的微型发动机气缸加工

　　气缸内表面（型腔）的加工质量直接影响到微型发动机运转的稳定性与使用寿命，因此对内表面具有极高的要求，为避免颤振的产生，目前加工过程中的切削用量比较保守，降低了加工效率，同时由于依靠经验确定加工参数，无法保证选取的参数能够有效避免颤振。目前用于气缸加工的材料有钛合金（Ti－6Al－4V）与铝合金[186]。钛合金（Ti－6Al－4V）导热系数低，极易在腔体内部形成热聚集，导致热变形，增大转子与气缸之间的摩擦，影响微型发动机的运行状态。为解决这一问题，北京理工大学的车江涛提出了在气缸外缘加工微沟槽的方法[185]，用以改善其传热性能，取得了良好的效果。该方法需要专用的微细加工机床，成本昂贵；另外，微型发动机在服役状态下气缸外缘的微沟槽极易被其他物质填充。因此，本书采用导热性能更好且便于加工的铝7075作为气缸材料，对其进行加工。为实现气缸的无颤振加工，用建立的铣削动力学模型对加工状态的稳定性进行预测分析，选取合理的加工参数。本道工序主要是对气缸的内、外表面轮廓进行加工。

采用德玛吉五轴加工机床（见第4章图4.5）对工件进行加工。铣刀参数规格与第4章4.3.1节相同，如图8.3所示，其参数如表8.1所示。为防止干涉，刀具悬长设置为55 mm，径向切深设置为2 mm。根据第4章4.3.1节的模态参数、切削力系数与第7章建立的高速主轴系统动力学模型，可计算出包含主轴系统－刀具－工件交互效应（综合考虑再生效应、过程阻尼、刀具结构模态耦合与速度效应）的铣削稳定性叶瓣图，如图8.4所示。

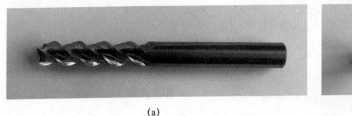 

(a)   (b)

图8.3　铣刀实物

（a）立铣刀；（b）铣刀端面

表8.1　刀具参数

参数	值
直径/mm	10
刀刃长度/mm	45
全长/mm	100
螺旋角/（°）	45
刀齿数	3

在图 8.4 中，实线是无倾角状态下的稳定性叶瓣图，根据该稳定性叶瓣图分别选取 A、B、C、D 处的参数组合，计算与前倾角、侧倾角有关的稳定性叶瓣图（模态参数、切削力系数与第 4 章 4.3.1 节相同），如图 8.4 所示，其中填充区域为颤振区域。从图 8.4 中可以看出，当主轴转

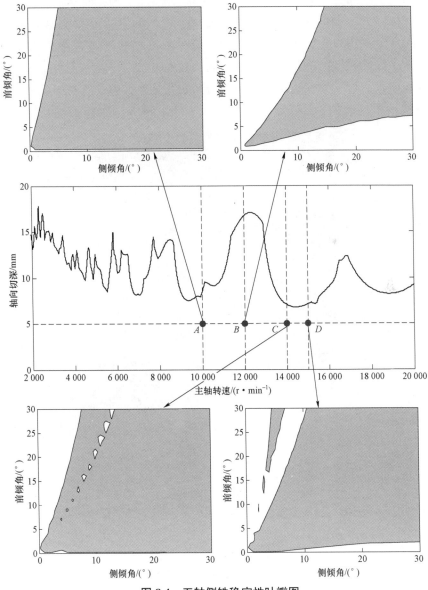

图 8.4　五轴侧铣稳定性叶瓣图

速为 12 000 r/min，轴向切深为 5 mm 时，前倾角与侧倾角构成的稳定性叶瓣图中颤振区域最小，因此实际加工过程中主轴转速 n_s 设为 12 000 r/min，轴向切深 a_p 设为 5 mm，进给速度 v_f 设为 1 200 mm/min，同时选取避免引起颤振的倾角组合（前倾角 = 0°，侧倾角 = 0°）。

　　因为工件加工过程中涉及主轴摆动与工作台转动，不宜安装加速度传感器与测力仪，所以采用 INV9206 型声压传感器采集铣削过程的声压信号，该声压传感器如图 8.5 所示。在气缸加工过程中，用支架将声压传感器固定在机床一侧，采集加工过程中的声压信号，加工现场如图 8.6 所示。加工的气缸轮廓与最终成品如图 8.7 所示（本次加工主要是保证气缸内外轮廓的表面无振纹产生，因为气缸轮廓一次加工成型，所以需

图 8.5　INV9206 型声压传感器

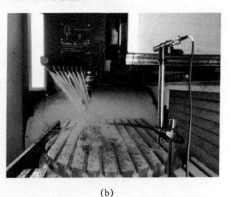

(a) 　　　　　　　　　　　　　　　　　(b)

图 8.6　发动机气缸加工现场

（a）气缸与声压传感器安装现场；（b）精加工实验现场

要用到五轴加工技术来实现气缸外侧异型结构的加工。图 8.7（b）所示的气缸定位孔等微小结构是采用其他加工方式获得的，不是本实验关注的重点）。

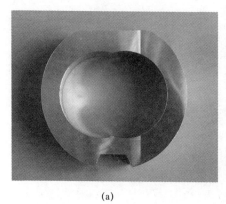 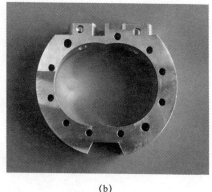

(a)　　　　　　　　　　　(b)

图 8.7　加工完成的气缸实物

（a）气缸轮廓；（b）气缸成品

为验证气缸的加工质量，对气缸内表面进行分析。为便于测量工件内部的表面形貌，对气缸进行切割，随机选取内表面上的 4 处区域，用白光干涉仪对其表面形貌进行测量。切割后的工件与测得气缸内部表面形貌如图 8.8 所示。从图 8.8 中可以看出，工件 A、B、C、D 处的表面形貌呈现出规则的纹理状，与稳定加工状态下的侧铣机理相符，其表面粗糙度分别为 0.78 μm、0.88 μm、0.85 μm、0.88 μm，满足设计要求。

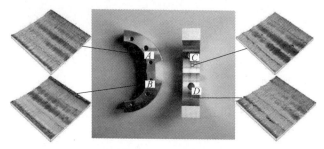

图 8.8　气缸内部表面形貌

截取精加工过程中连续采集 5 s 的声压信号进行分析，其频率瀑布图如图 8.9 所示。从频率瀑布图中可以看出，整个加工过程中信号的频率成分没有发生变化，以第 1.0 s 与第 4.5 s 的频谱为例，频谱成分主要由基频

（200 Hz）、刀齿通过频率（600 Hz）及其谐波构成。其中刀齿通过频率的能量最大。上述分析表明气缸加工过程中未发生颤振，工件加工状态良好。

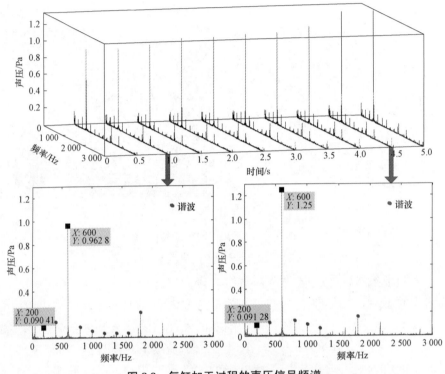

图 8.9　气缸加工过程的声压信号频谱

8.4　考虑主轴系统－刀具－工件交互效应的微型发动机转子加工

微型发动机的转子采用钛合金（Ti－6Al－4V）材料。钛合金属于难加工材料，高速切削会加速刀具磨损[96]，因此，采用低速切削进行加工，该情况下可忽略速度效应的影响。发动机尺寸较小，对发动机转子燃烧室（图 8.10）的表面质量具有较高的要求。在微型发动机转子的加工过程中，对于一些微小结构可通过精密微细加工技术获得，本次加工主要针对表面质量要求较高的转子燃烧室内表面进行加工，因该内表面为侧曲面，需要采用五轴联动的方式进行加工。采用直径为 5 mm 的 2 齿球头铣刀进行加工（见图 8.11），用 KEYENCE 激光共聚焦显微镜（VK–X100）对铣刀后刀面磨损带进行测量，确定其磨损带宽度为 19 μm。

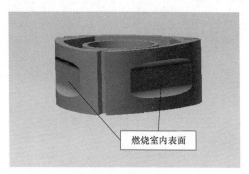

燃烧室内表面

图 8.10　发动机转子

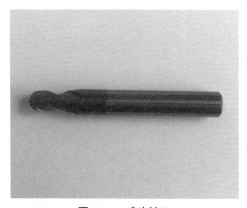

图 8.11　球头铣刀

在加工燃烧室内表面时，工件切削深度设为 0.2 mm。如前所述，钛合金为难加工材料，加工过程中主轴转速较低，可忽略速度效应的影响，因此无须构建主轴转速与固有频率之间的映射关系。可直接通过模态实验确定刀尖模态参数。在模态测试过程中，由于刀具尺寸较小，故采用与铣刀材质、尺寸相同的圆棒代替铣刀，实验过程中，其悬长为 30 mm，用电涡流传感器采用非接触方式采集响应信号。电涡流传感器与模态测试安装现场如图 8.12 所示，通过模态实验得到的不同方向频率响应函数如图 8.13 所示，模态参数见表 8.2。

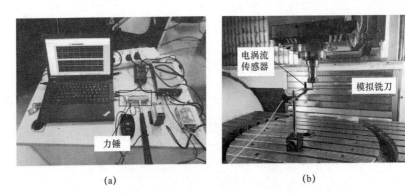

(a)   (b)

图 8.12 模态测试设备与实验现场

（a）模态测试设备；（b）电涡流传感器安装图

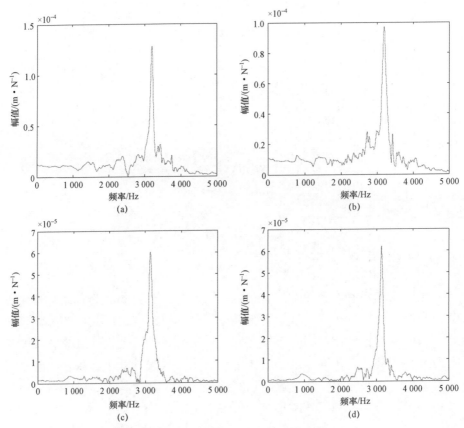

图 8.13 刀尖不同方向频率响应函数

（a）*xx* 方向频率响应函数；（b）*yy* 方向频率响应函数；
（c）*xy* 方向频率响应函数；（d）*yx* 方向频率响应函数

表 8.2 模态参数

响应方向	频率/Hz	阻尼比	模态质量/kg
xx	3 155	0.013	0.001 00
xy	3 100	0.020	0.002 90
yx	3 093	0.019	0.003 20
yy	3 167	0.025	0.000 92

用第 6 章 6.4.1 节所述方法对切削力系数进行辨识，得到的不同轴向切深下的切削力系数，如表 8.3 所示。根据表 8.3，拟合的切削力系数随刀轴倾角的变化曲线如图 8.14 所示，在区间 ［0°，50°］ 上得到的切削力系数拟合公式如式（8.1）～式（8.3）所示。

表 8.3 不同刀具姿态下的切削力系数

切深/mm	n_s/ (r·min^{-1})	η/ (°)	K_{tc}/ (N·mm^{-2})	K_{rc}/ (N·mm^{-2})	K_{ac}/ (N·mm^{-2})
0.2	1 200	0	2 330	518	1 329
0.2	1 200	5	2 168	525	1 200
0.2	1 200	10	2 096	500	1 055
0.2	1 200	15	1 899	490	955
0.2	1 200	20	1 810	495	725
0.2	1 200	25	1 725	485	556
0.2	1 200	30	1 655	470	315
0.2	1 200	35	1 509	450	290
0.2	1 200	40	1 389	475	215
0.2	1 200	45	1 090	420	106
0.2	1 200	50	850	400	52

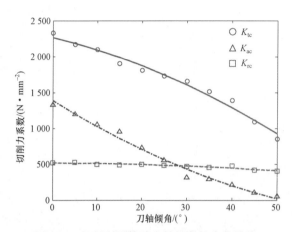

图 **8.14** 切削力系数随刀轴倾角的变化曲线

$$K_{tc} = -0.24\eta^2 - 14.92\eta + 2\,265.49, \eta \in [0°, 50°] \qquad (8.1)$$

$$K_{rc} = -0.03\eta^2 - 0.51\eta + 516.95, \eta \in [0°, 50°] \qquad (8.2)$$

$$K_{ac} = 0.23\eta^2 - 38.71\eta + 1\,386.28, \eta \in [0°, 50°] \qquad (8.3)$$

在钛合金转子加工过程中，为防止高速切削造成刀具的快速磨损，主轴转速 n_s 设为 5 000 r/min，进给速度 v_f 设为 500 mm/min。由第 7 章可知，此时的主轴转速较低，因此可以忽略速度效应的影响。在本道工序中主要针对转子的燃烧室进行加工。用球头铣刀在微型发动机转子的毛坯件上对燃烧室进行加工时，第一次切削可以看作槽铣，后续切削是在第一次切削的基础上依次进行的。因此，第一次切削与后续切削的稳定性叶瓣图有所差异。同时考虑再生效应、过程阻尼与刀具结构模态耦合的五轴球头铣削稳定性叶瓣图如图 8.15 所示。图 8.15（a）所示为首次切削时的稳定性叶瓣图，图 8.15（b）所示为后续切削时的稳定性叶瓣图。根据图 8.15 所示的稳定区域，第一次切削时的刀轴倾角组合为：前倾角 20°，侧倾角 20°；后续切削时采用图 8.15（b）中点 A 处的倾角组合，即前倾角 15°，侧倾角 0°，横向进给 0.2 mm。加工的实物与表面形貌如图 8.16 所示。

从图 8.16 可以看出，当采用点 A 处的刀轴倾角进行加工时，转子燃烧室的内表面较光滑，呈现出规则的刀路痕迹，无振纹产生，表面粗糙度为 1.8 μm，符合加工要求。

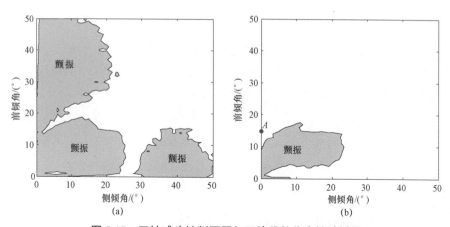

图 8.15　五轴球头铣削不同加工阶段的稳定性叶瓣图

（a）首次切削时的稳定性叶瓣图；（b）后续切削时的稳定性叶瓣图

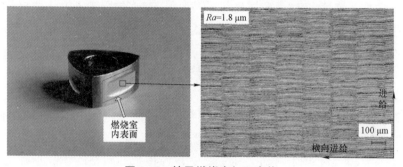

图 8.16　转子燃烧室加工实物

加工过程中采集声压信号的频谱如图 8.17 所示。从图中可以看出，当

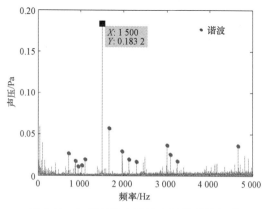

图 8.17　加工过程中采集声压信号的频谱

采用点 A 处的刀轴倾角进行加工时，采集的声压信号频谱图上的主要频率成分为 1 500 Hz 的谐波频率与其他的基频谐波，低频部分有一些噪声频率，整个频谱图上无明显的颤振频率存在。上述分析表明，采用构建的五轴球头铣削动力学模型得到的稳定性叶瓣图能够准确预测五轴铣削过程的稳定区域，借助该稳定性叶瓣图可实现钛合金转子的稳定加工。

8.5 本章小结

本章根据建立的考虑主轴系统－刀具－工件交互效应的五轴侧铣与五轴球头铣削动力学模型，构建针对不同材料加工特性的稳定性叶瓣图，选取无颤振加工参数，对微型发动机的气缸与转子进行加工，将建立的动力学模型运用到实际生产中，取得了良好的效果。通过本章研究得到的主要结论如下：

（1）根据建立的综合考虑再生效应、过程阻尼、刀具结构模态耦合与速度效应的五轴侧铣动力学模型，得到同时包含低速切削过程阻尼与高速切削速度效应的五轴侧铣稳定性叶瓣图，通过该稳定图选取无颤振加工参数，对微型发动机气缸进行加工实验，气缸加工过程无颤振发生，表明建立的动力学模型能够运用到实际生产中，为复杂结构件的无颤振加工参数选取提供理论指导。

（2）根据建立的综合考虑再生效应、过程阻尼与刀具结构模态耦合的五轴球头铣削动力学模型，得到低速切削状态下钛合金五轴球头铣削稳定性叶瓣图，选取无颤振加工参数，对钛合金转子燃烧室进行加工，整个加工过程无颤振发生，表明该五轴球头铣削动力学模型能够在实际生产中提供合理的参数选择，具有重要的现实意义。

（3）实验结果表明，采用建立的五轴侧铣、五轴球头铣削动力学模型获得的稳定性叶瓣图能够准确预测切削状态，可以实现微型发动机零件的高效、稳定加工，在提高加工效率与预防加工颤振方面具有一定的指导意义。

参 考 文 献

［1］郭东明. 高性能精密制造［J］. 中国机械工程，2018，29（07）：757－765.

［2］郭东明，孙玉文，贾振元. 高性能精密制造方法及其研究进展［J］. 机械工程学报，2014，50（11）：119－134.

［3］Denkena B，Hollmann F. Process machine interactions：prediction and manipulation of interactions between manufacturing processes and machine tool structures［M］. London：Springer Heidelberg New York Dordrecht，2013.

［4］Brecher C，Esser M，Witt S. Interaction of manufacturing process and machine tool［J］. CIRP Annals-Manufacturing Technology，2009，58（2）：588－607.

［5］杨叔子，丁汉，李斌. 高端制造装备关键技术的科学问题［J］. 机械制造与自动化，2011，40（1）：1－5.

［6］ 王跃辉，王民. 金属切削过程颤振控制技术的研究进展［J］. 机械工程学报，2010，46（07）：166－174.

［7］ Yue C X，Gao H N，Liu X L，et al. A review of chatter vibration research in milling［J］. Chinese Journal of Aeronautics，2019，32（2）：215－242.

［8］ 师汉民. 金属切削理论及其应用新探［M］. 武汉：华中科技大学出版社，2002.

［9］ Altintas Y，Weck M. Chatter stability of metal cutting and grinding ［J］. CIRP Annals，2004，53（2）：619－642.

［10］ Shi H M. Metal cutting theory-new perspectives and new approaches ［M］. Germany：Springer，2018.

［11］ Munoa J，Beudaert X，Dombovari Z，et al. Chatter suppression techniques in metal cutting ［J］. CIRP Annals-Manufacturing Technology，2016，65：785－808.

［12］ Bollinger J G，Geiger G. Analysis of the static and dynamic behavior of lathe spindles ［J］. International Journal of Machine Tool Design & Research，1964，3（4）：193－209.

［13］ El-Sayed H R. Bearing stiffness and the optimum design of machine tool spindles ［J］. Machinery and Production Engineering，1974，125（6）：519－524.

［14］ 曹宏瑞. 高速机床主轴数字建模理论及其应用研究 ［D］. 西安：西安交通大学，2010.

［15］ Sharan A M，Sankar S，Sankar T S. Dynamic analysis and optimal selection of parameters of a finite-element modeled lathe spindle under random cutting forces ［J］. Journal of Vibration Acoustics Stress and Reliability in Design-Transactions of the Asme，1983，105（4）：467－475.

［16］ Sadeghipour K，Cowley A. The effect of viscous damping and mass distribution on the dynamic behaviour of a spindle-bearing system ［J］. International Journal of Machine Tools & Manufacture，1988，28（1）：69－77.

［17］ Lin C W，Lin Y K，Chu C H. Dynamic models and design of spindle-bearing systems of machine tools：a review ［J］. International

Journal of Precision Engineering & Manufacturing，2013，14（3）：513－521.

[18] Zorzi E S，Nelson H D. Finite element simulation of rotor-bearing systems with internal damping [J]. Journal of Engineering for Power，1977，99（1）：71－76.

[19] Nelson H D. A finite rotating shaft element using timoshenko beam theory [J]. Journal of Mechanical Design，1980，102：793－803.

[20] Lin C W，Tu J F，Kamman J. An integrated thermo-mechanical- dynamic model to characterize motorized machine tool spindles during very high speed rotation[J]. International Journal of Machine Tools & Manufacture，2003，43（10）：1035－1050.

[21] Wardle F P，Lacey S J，Poon S Y. Dynamic and static characteristics of a wide speed range machine tool spindle[J]. Precision Engineering，1983，5（4）：175－183.

[22] Cao Y Z，Altintas Y. A general method for the modeling of spindle-bearing systems [J]. Journal of Mechanical Design，2004，126（6）：1089－1104.

[23] Jones A B. A general theory for elastically constrained ball and radial roller bearings under arbitrary load and speed conditions [J]. Journal of Basic Engineering，1960，309－320.

[24] Altintas Y，Cao Y. Virtual design and optimization of machine tool spindles [J]. CIRP Annals-Manufacturing Technology，2005，54（1）：379－382.

[25] Cao Y，Altintas Y. Modeling of spindle-bearing and machine tool systems for virtual simulation of milling operations [J]. International Journal of Machine Tools & Manufacture，2007，47（9）：1342－1350.

[26] Rantatalo M，Aidanpaa J O，Goransson B，et al. Milling machine spindle analysis using FEM and non-contact spindle excitation and response measurement [J]. International Journal of Machine Tools & Manufacture，2007，47（7－8）：1034－1045.

[27] Cao H R，Li B，He Z J. Finite element model updating of machine-tool spindle systems[J]. Journal of Vibration and Acoustics，Transactions of

the ASME，2013，135（2）：1－4.

［28］Niu L K，Cao H R，He Z J，et al. Dynamic modeling and vibration response simulation for high speed rolling ball bearings with localized surface defects in raceways ［J］. Journal of Manufacturing Science and Engineering，2014，136（4）：1－16.

［29］Hu T，Yin G F，Sun M N. Model based research of dynamic performance of shaft-bearing system in high-speed field ［J］. Shock and Vibration，2014，2014：1－12.

［30］胡腾，殷国富，孙明楠. 基于离心力和陀螺力矩效应的"主轴–轴承"系统动力学特性研究 ［J］. 振动与冲击，2014，33（08）：100－108.

［31］Xi S T，Cao H R，Chen X F，et al. A dynamic modeling approach for spindle bearing system supported by both angular contact ball bearing and floating displacement bearing［J］. Journal of Manufacturing Science and Engineering-transactions of the ASME，2018，140（2）：1－16.

［32］Feng W，Liu B G，Yao B，et al. An integrated prediction model for the dynamics of machine tool spindles ［J］. Machining Science and Technology，2018，22（6）：968－988.

［33］卢晓红，王凤晨，王华，等. 铣削过程颤振稳定性分析的研究进展 ［J］. 振动与冲击，2016，35（01）：74－82.

［34］Olgac N，Hosek M. A new perspective and analysis for regenerative machine tool chatter ［J］. International Journal of Machine Tools & Manufacture，1998，38（7）：783－798.

［35］Kayhan M，Budak E. An experimental investigation of chatter effects on tool life ［J］. Proceedings of the Institution of Mechanical Engineers，Part B：Journal of Engineering Manufacture，2009，223（11）：1455－1463.

［36］Quintana G，Ciurana J. Chatter in machining processes：a review ［J］. International Journal of Machine Tools & Manufacture，2011，51（5）：363－376.

［37］Altintas Y，Budak E. Analytical prediction of stability lobes in milling ［J］. CIRP Annals-Manufacturing Technology，1995，44（1）：357－362.

［38］Li Z Y，Sun Y W，Guo D M. Chatter prediction utilizing stability lobes with process damping in finish milling of titanium alloy thin-walled workpiece [J]. The International Journal of Advanced Manufacturing Technology, 2017, 89 (9-12): 2663-2674.

[39] Merdol S D, Altintas Y. Multi frequency solution of chatter stability for low immersion milling [J]. Journal of Manufacturing Science and Engineering-transactions of the ASME, 2004, 126 (3): 459-466.

[40] Gradisek J, Govekar E, Grabec I, et al. On stability prediction for low radial immersion milling[J]. Machining Science and Technology, 2005, 9 (1): 117-130.

[41] Zatarain M, Bediaga I, Muñoa J, et al. Analysis of directional factors in milling: importance of multi-frequency calculation and of the inclusion of the effect of the helix angle [J]. International Journal of Advanced Manufacturing Technology, 2010, 47 (5-8): 535-542.

[42] Bayly P V, Halley J E, Mann B P, et al. Stability of interrupted cutting by temporal finite element analysis [J]. Journal of Manufacturing Science and Engineering-transactions of the ASME, 2003, 125 (2): 220-225.

[43] Altintas Y. Manufacturing automation: metal cutting mechanics, machine tool vibrations, and CNC design [M]. New York: Cambridge University Press, 2000.

[44] Yan Z H, Wang X B, Liu Z B, et al. Orthogonal polynomial approximation method for stability prediction in milling [J]. The International Journal of Advanced Manufacturing Technology, 2017, 91 (9-12): 4313-4330.

[45] Insperger T, Stépán G. Updated semi-discretization method for periodic delay-differential equations with discrete delay[J]. International Journal for Numerical Methods in Engineering, 2004, 61 (1): 117-141.

[46] Insperger T, Stépán G, Turi J. On the higher-order semi-discretizations for periodic delayed systems[J]. Journal of Sound and Vibration, 2008, 313 (1-2): 334-341.

[47] Ding Y, Zhu L M, Zhang X J, et al. A full-discretization method for prediction of milling stability[J]. International Journal of Machine Tools

& Manufacture，2010，50（5）：502－509．

［48］ Insperger T. Full-discretization and semi-discretization for milling stability prediction：some comments ［J］. International Journal of Machine Tools and Manufacture，2010，50（7）：658－662．

［49］ Ding Y，Zhu L M，Zhang X J，et al. Second-order full-discretization method for milling stability prediction ［J］. International Journal of Machine Tools and Manufacture，2010，50（10）：926－932．

［50］ Quo Q，Sun Y W，Jiang Y. On the accurate calculation of milling stability limits using third-order full-discretization method ［J］. International Journal of Machine Tools & Manufacture，2012，62：61－66．

［51］ Ozoegwu C G. Least squares approximated stability boundaries of milling process ［J］. International Journal of Machine Tools & Manufacture，2014，79：24－30．

［52］ Ozoegwu C G，Omenyi S N，Ofochebe S M. Hyper-third order full-discretization methods in milling stability prediction ［J］. International Journal of Machine Tools and Manufacture，2015，92：1－9．

［53］ Yan Z H，Wang X B，Liu Z B，et al. Third-order updated full-discretization method for milling stability prediction ［J］. The International Journal of Advanced Manufacturing Technology，2017，92（5－8）：2299－2309．

［54］ Liu Y L，Zhang D H，Wu B H. An efficient full-discretization method for prediction of milling stability［J］. International Journal of Machine Tools & Manufacture，2012，63：44－48．

［55］ Wang M H，Gao L，Zheng Y H. An examination of the fundamental mechanics of cutting force coefficients ［J］. International Journal of Machine Tools and Manufacture，2014，78：1－7．

［56］ Armarego E J A，Deshpande N P. Computerized end-milling force predictions with cutting models allowing for eccentricity and cutter deflections ［J］. CIRP Annals-Manufacturing Technology，1991，40（1）：25－29．

［57］ Budak E，Altintas Y，Armarego E J A. Prediction of milling force coefficients from orthogonal cutting data [J]. Transactions of the ASME, 1996, 118: 216-224.

[58] Altıntas Y, Shamoto E, Lee P, et al. Analytical prediction of stability lobes in ball end milling [J]. Transactions of Asme Journal of Manufacturing Science & Engineering, 1999, 121 (4): 586-592.

[59] Engin S, Altintas Y. Mechanics and dynamics of general milling cutters. Part I: helical end mills [J]. International Journal of Machine Tools & Manufacture, 2001, 41 (15): 2195-2212.

[60] Kline W A, Devor R E, Lindberg J R. The prediction of cutting forces in end milling with application to cornering cuts [J]. International Journal of Machine Tool Design & Research, 1982, 22 (1): 7-22.

[61] Kline W A, Devor R E. The effect of runout on cutting geometry and forces in end milling [J]. International Journal of Machine Tool Design & Research, 1983, 23 (2-3): 123-140.

[62] Azeem A, Feng H Y, Wang L H. Simplified and efficient calibration of a mechanistic cutting force model for ball-end milling [J]. International Journal of Machine Tools & Manufacture, 2004, 44 (2-3): 291-298.

[63] Turkes E, Orak S, Neseli S, et al. Modelling of dynamic cutting force coefficients and chatter stability dependent on shear angle oscillation [J]. The International Journal of Advanced Manufacturing Technology, 2017, 91 (1-4): 679-686.

[64] Ozturk B, Lazoglu I, Erdim H. Machining of free-form surfaces. Part II: Calibration and forces[J]. International Journal of Machine Tools and Manufacture, 2006, 46 (7-8): 736-746.

[65] 李忠群, 刘强. R 刀切削力系数辨识及动态切削力建模 [J]. 农业机械学报, 2008 (04): 207-211.

[66] Wang B S, Hao H Y, Wang M L, et al. Identification of instantaneous cutting force coefficients using surface error [J]. The International Journal of Advanced Manufacturing Technology, 2013, 68 (1-4): 701-709.

[67] Zhang D L, Mo R, Chang Z Y, et al. A study of computing accuracy of calibrating cutting force coefficients and run-out parameters in flat-end

milling [J]. The International Journal of Advanced Manufacturing Technology, 2016, 84 (1－4): 621－630.

[68] Wang L P, Si H, Guan L W, et al. Comparison of different polynomial functions for predicting cutting coefficients in the milling process [J]. The International Journal of Advanced Manufacturing Technology, 2018, 94 (5－8): 2961－2972.

[69] Yao Z Q, Liang X G, Luo L, et al. A chatter free calibration method for determining cutter runout and cutting force coefficients in ball-end milling [J]. Journal of Materials Processing Technology, 2013, 213 (9): 1575－1587.

[70] 梁鑫光. 基于变时滞特性的球头刀五轴精铣削稳定性研究 [D]. 上海: 上海交通大学, 2013.

[71] Wang S B, Geng L, Zhang Y F. et al. Cutting force prediction for five-axis ball-end milling considering cutter vibrations and run-out [J]. International Journal of Mechanical Sciences, 2015, 96－97: 206－215.

[72] Wang S B, Automated five-axis tool path generation based on dynamic analysis [D]. Singapore: National University of Singapore, 2015.

[73] Guo M L, Wei, Z C, Wang M J, et al. An identification model of cutting force coefficients for five-axis ball-end milling [J]. The International Journal of Advanced Manufacturing Technology, 2018, 99 (1－4): 937－949.

[74] Lin X J, Wu G, Zhang Y, et al. The identification of the cutting force coefficients for ball-end finish milling [J]. The International Journal of Advanced Manufacturing Technology, 2019: 1－15.

[75] Jian Q. Modeling of cutting force coefficients in cylindrical turning process based on power measurement [J]. The International Journal of Advanced Manufacturing Technology, 2018, 99 (9－12): 2283－2293.

[76] Zhang X J, Xiong C H, Ding Y, et al. Milling stability analysis with simultaneously considering the structural mode coupling effect and regenerative effect [J]. International Journal of Machine Tools & Manufacture, 2012, 53 (1): 127－140.

［77］ Ahmadi K，Altintas Y．Identification of machining process damping using output-only modal analysis［J］．Journal of Manufacturing Science and Engineering-transactions of the ASME，2014，136（5）：1－13．

［78］ Tang X W，Peng F Y，Yan R，et al．An effective time domain model for milling stability prediction simultaneously considering multiple modes and cross-frequency response function effect［J］．The International Journal of Advanced Manufacturing Technology，2016，86（1－4）：1037－1054．

［79］ Niu J B，Ding Y，Zhu L M，et al．Mechanics and multi-regenerative stability of variable pitch and variable helix milling tools considering runout［J］．International Journal of Machine Tools and Manufacture，2017，123：129－145．

［80］ Yan Z H，Liu Z B，Wang X B，et al．Stability prediction of thin-walled workpiece made of Al7075 in milling based on shifted Chebyshev polynomials［J］．The International Journal of Advanced Manufacturing Technology，2016，87（1－4）：115－124．

［81］ Michael L，Andreas O，Steffen I，et al．Chatter prediction for uncertain parameters［J］．先进制造进展：英文版，2018，6（3）：319－333．

［82］ 曹宏瑞，李兵，何正嘉．高速主轴动力学建模及高速效应分析［J］．振动工程学报，2012，25（02）：103－109．

［83］ Schmitz T L．Predicting high-speed machining dynamics by substructure analysis［J］．CIRP Annals-Manufacturing Technology，2000，49（1）：303－308．

［84］ Schmitz T L，Smith K S．Machining dynamics-frequency response to improved productivity［M］．Germany：Springer，2008．

［85］ 闫正虎．直纹曲面五轴侧铣稳定性预测方法与实验研究［D］．北京：北京理工大学，2017．

［86］ Wang D Q，Wang X B，Liu Z B，et al．Surface location error prediction and stability analysis of micro-milling with variation of tool overhang length［J］．The International Journal of Advanced Manufacturing Technology，2018，99（1－4）：919－936．

［87］ Budak E，and Altintas Y．Analytical prediction of chatter stability in milling—Part I: general formulation [J]. Journal of Dynamic Systems, Measurement, and Control, 1998, 120 (1): 22－30.

[88] Minis I, Yanushevsky R. A new theoretical approach for the prediction of machine tool chatter in milling [J]. Journal of Engineering for Industry-Transactions of the ASME, 1993, 115 (1): 1－8.

[89] Zhou K, Feng P F, Xu C, et al. High-order full-discretization methods for milling stability prediction by interpolating the delay term of time-delayed differential equations [J]. The International Journal of Advanced Manufacturing Technology, 2017, 93 (5－8): 2201－2214.

[90] Ding Y, Zhu L M, Zhang X J, et al. Numerical integration method for prediction of milling stability [J]. Journal of Manufacturing Science and Engineering-transactions of the ASME, 2011, 133 (3): 1－9.

[91] Ding Y, Zhu L M, Zhang X J, et al. Milling stability analysis using the spectral method[J]. Science in China Series E: Technological Sciences, 2011, 54 (12): 3130－3136.

[92] Zhang Z, Li H G, Meng G, et al. A novel approach for the prediction of the milling stability based on the Simpson method [J]. International Journal of Machine Tools & Manufacture, 2015, 99: 43－47.

[93] Li Z Y, Jiang S L, Sun Y W. Chatter stability and surface location error predictions in milling with mode coupling and process damping [J]. Proceedings of the Institution of Mechanical Engineers, Part B: J Engineering Manufacture, 2019, 233 (3): 686－698.

[94] Wallace P W, Andrew C. Machining forces: some effects of tool vibration[J]. Journal of Mechanical Engineering Science, 1965, 7 (2): 152－162.

[95] Tunc L T, Budak E. Identification and modeling of process damping in milling [J]. Journal of Manufacturing Science and Engineering-Transactions of the Asme, 2013, 135 (2): 1－12.

[96] Gurdal O, Ozturk E, Sims N D. Analysis of process damping in milling [J]. Procedia CIRP, 2016, 55: 152－157.

[97] Sisson T R, Kegg R L. An explanation of low-speed chatter effects [J]. Journal of Engineering for Industry, 1969, 91 (4): 951－958.

［98］ Peters J，Vanherck P，Brussel H V．The measurement of the dynamic cutting coefficient［J］．CIRP Annals，1971，21（2）：129－136.

［99］ Tlusty J．Analysis of the state of research in cutting dynamics［J］．CIRP Annals，1978，27（2）：583－589.

［100］ Tlusty J，Ismail F．Special aspects of chatter in milling［J］．Journal of Vibration，Acoustics，Stress，and Reliability in Design，1983，105（1）：24－32.

［101］ Wu D W．A new approach of formulating the transfer function for dynamic cutting process［J］．Journal of Engineering for Industry-Transactions of the ASME，1989，111（1）：37－47.

［102］ Ahmadi K，Ismail F．Stability lobes in milling including process damping and utilizing Multi-Frequency and Semi-Discretization Methods［J］．International Journal of Machine Tools & Manufacture，2012，（54－55）：46－54.

［103］ Ahmadi K，Ismail F．Analytical stability lobes including nonlinear process damping effect on machining chatter［J］．International Journal of Machine Tools & Manufacture，2011，51（4）：296－308.

［104］ Ahmadi K．Analytical investigation of machining chatter by considering the nonlinearity of process damping［J］．Journal of Sound and Vibration，2017，393：252－264.

［105］ Malekian M，Park S S，Jun M B G．Modeling of dynamic micro-milling cutting forces［J］．International Journal of Machine Tools & Manufacture，2009，49（7－8）：586－598.

［106］ 李欣，李亮，何宁．过程阻尼对铣削系统稳定性的影响［J］．振动与冲击，2014，33（09）：16－20.

［107］ Wan M，Feng J，Ma Y C，et al．Identification of milling process damping using operational modal analysis［J］．International Journal of Machine Tools & Manufacture，2017，122：120－131.

［108］ Feng J，Wan M，Gao T Q，et al．Mechanism of process damping in milling of thin-walled workpiece［J］．International Journal of Machine Tools & Manufacture，2018，134：1－19.

［109］ Hajdu D，Insperger T，Bachrathy D，et al．Prediction of robust stability boundaries for milling operations with extended multi-frequency solution and structured singular values [J]. Journal of Manufacturing Processes，2017，30：281－289.

［110］丁汉，丁烨，朱利民. 铣削过程稳定性分析的时域法研究进展[J]. 科学通报，2012，57（31）：2922－2932.

［111］Ozturk E，Bilkhu R，Turner S. A study on the effects of spindle speed on tool tip dynamics. The 15th International Conference on Machine Design and Production [C]. Denizli，Turkey，2012.

［112］Cao H R，Li B，He Z J. Chatter stability of milling with speed-varying dynamics of spindles [J]. International Journal of Machine Tools & Manufacture，2012，52（1）：50－58.

［113］曹宏瑞，陈雪峰，何正嘉. 主轴–切削交互过程建模与高速铣削参数优化 [J]. 机械工程学报，2013，49（5）：161－166.

［114］Liu J F，Lai T，Tie G P. Influence of thermo-mechanical coupled behaviors on milling stability of high speed motorized spindles [J]. Precision Engineering，2018，52：94－105.

［115］Zhao M X，Balachandran B. Dynamics and stability of milling process [J]. International Journal of Solids & Structures，2001，38（10）：2233－2248.

［116］Balachandran B，Zhao M X. A mechanics based model for study of dynamics of milling operations[J]. Meccanica，2000，35（2）：89－109.

［117］Balachandran B. Nonlinear dynamics of milling processes [J]. Philosophical Transactions of the Royal Society A：Mathematical，Physical and Engineering Sciences，2001，359（1781）：793－819.

［118］Richard T，Germay C，Detournay E. Self-excited stick-slip oscillations of drill bits[J]. Comptes Rendus Mecanique，2004，332（8）：619－626.

［119］Castano F，Haber R E，del Toro R M. Characterization of tool-workpiece contact during the micromachining of conductive materials [J]. Mechanical Systems and Signal Processing，2017，83：489－505.

［120］陆涛，王西彬，师汉民. 金属切削过程的分叉与突变 [J]. 华中理工大学学报，1996（09）：2－5.

［121］王西彬，师汉民，陆涛. 切削过程的分叉与突变［J］. 机械工程学报，1997（06）：21－26.

［122］Yucesan G，Altintas Y. Mechanics of ball end milling process［J］. Journal of Engineering for Industry，1993，164：543－551.

［123］Armarego E J A，Whitfield R C. Computer based modelling of popular machining operations for force and power prediction［J］. CIRP Annals-Manufacturing Technology，1985，34（1）：65－69.

［124］Lee P，Altintas Y. Prediction of ball-end milling forces from orthogonal cutting data［J］. International Journal of Machine Tools & Manufacture，1996，36（9）：1059－1072.

［125］Kim S J，Lee H U，Cho D W. Prediction of chatter in NC machining based on a dynamic cutting force model for ball end milling［J］. International Journal of Machine Tools & Manufacture，2007，47（12－13）：1827－1838.

［126］Ngo C，Jeehyun J，Nguyen C，et al. An accurate regenerative chatter model in the ball-end milling process that considers high feed rate and shallow axial immersion conditions［J］. Mathematical and Computer Modelling of Dynamical Systems，2017，23（5）：453－475.

［127］Dikshit M K，Puri A B，Maity A. Chatter and dynamic cutting force prediction in high-speed ball end milling［J］. Machining Science and Technology，2017，21（2）：291－312.

［128］Dikshit M K，Puri A B，Maity A. Analysis of cutting force coefficients in high-speed ball end milling at varying rotational speeds［J］. Machining Science and Technology，2017，21（3）：416－435.

［129］吴石，渠达，刘献礼，等. 轴向铣削力与陀螺效应对颤振稳定域的影响［J］. 振动·测试与诊断，2013，33（06）：931－936＋1089.

［130］Zhang J，Liu C Y. Chatter stability prediction of ball-end milling considering multi-mode regenerations［J］. The International Journal of Advanced Manufacturing Technology，2019，100（1－4）：131－142.

［131］魏兆成，王敏杰，王学文，等. 球头铣刀曲面多轴加工的刀具接触区半解析建模［J］. 机械工程学报，2017，53（01）：198－205.

［132］Boz Y，Erdim H，Lazoglu I. A comparison of solid model and three-orthogonal dexelfield methods for cutter-workpiece engagement calculations in three-and five-axis virtual milling [J]. The International Journal of Advanced Manufacturing Technology, 2015, 81 (5−8): 811−823.

[133] Aras E, Albedah A. Extracting cutter/workpiece engagements in five-axis milling using solid modeler [J]. The International Journal of Advanced Manufacturing Technology, 2014, 73 (9−12): 1351−1362.

[134] Yang Y, Zhang W H, Wan M, et al. A solid trimming method to extract cutter-workpiece engagement maps for multi-axis milling [J]. International Journal of Advanced Manufacturing Technology, 2013, 68 (9−12): 2801−2813.

[135] Ju G G, Song Q H, Liu Z Q, et al. A solid-analytical-based method for extracting cutter-workpiece engagement in sculptured surface milling [J]. The International Journal of Advanced Manufacturing Technology, 2015, 80 (5−8): 1297−1310.

[136] Aras E, Feng H Y. Vector model-based workpiece update in multi-axis milling by moving surface of revolution [J]. International Journal of Advanced Manufacturing Technology, 2011, 52 (9−12): 913−927.

[137] Zhang L Q. Process modeling and toolpath optimization for five-axis ball-end milling based on tool motion analysis [J]. International Journal of Advanced Manufacturing Technology, 2011, 57 (9−12): 905−916.

[138] Wei Z C, Wang M J, Cai Y J, et al. Prediction of cutting force in ball-end milling of sculptured surface using improved Z-map [J]. International Journal of Advanced Manufacturing Technology, 2013, 68 (5−8): 1167−1177.

[139] Kiswanto G, Hendriko H, Duc E. A hybrid analytical-and discrete-based methodology for determining cutter-workpiece engagement in five-axis milling [J]. The International Journal of Advanced Manufacturing Technology, 2015, 80 (9−12): 2083−2096.

[140] Budak E, Ozturk E, Tunc L T. Modeling and simulation of 5−axis milling processes [J]. CIRP Annals-Manufacturing Technology, 2009, 58 (1): 347−350.

[141] Gupta S K，Saini S K，Spranklin B W，et al. Geometric algorithms for computing cutter engagement functions in 2.5D milling operations [J]. Computer-Aided Design，2005，37（14）：1469－1480.

[142] Zhang X，Zhang J，Zhang W，et al. Integrated modeling and analysis of ball screw feed system and milling process with consideration of multi-excitation effect[J]. Mechanical Systems and Signal Processing，2018，98：484－505.

[143] Taner T L，Omer O，Erhan B. Generalized cutting force model in multi-axis milling using a new engagement boundary determination approach [J]. The International Journal of Advanced Manufacturing Technology，2015，77（1－4）：341－355.

[144] Si H，Wang L P，Zhang J，et al. A solid-discrete-based method for extracting the cutter-workpiece engagement in five-axis flank milling [J]. The International Journal of Advanced Manufacturing Technology，2018，94（9－12）：3641－3653.

[145] Ahmadi K，Ismail F. Machining chatter in flank milling [J]. International Journal of Machine Tools & Manufacture，2010，50（1）：75－85.

[146] Ferry W B，Altintas Y. Virtual five-axis flank milling of jet engine impellers—Part I：mechanics of five-axis flank milling [J]. Journal of Manufacturing Science and Engineering，2008，130（1）：1－11.

[147] Larue A，Altintas Y. Simulation of flank milling processes [J]. International Journal of Machine Tools & Manufacture，2005，45（4－5）：549－559.

[148] Ferry W B. Virtual five-axis flank milling of jet engine impellers [D]. Canada：University of British Columbia，2008.

[149] Ahmadi K，Ismail F. Modeling chatter in peripheral milling using the semi discretization method [J]. Cirp Journal of Manufacturing Science & Technology，2012，5（2）：77－86.

[150] Li D D，Zhang W M，Zhou W，et al. Dual NURBS path smoothing for 5－axis linear path of flank milling [J]. International Journal of Precision Engineering and Manufacturing，2018，19（12）：1811－1820.

[151] Wang L P, Si H. Machining deformation prediction of thin-walled workpieces in five-axis flank milling [J]. The International Journal of Advanced Manufacturing Technology, 2018, 97(9－12): 4179－4193.

[152] Li M Y, Huang J G, Liu X L, et al. Research on surface morphology of the ruled surface in five-axis flank milling [J]. The International Journal of Advanced Manufacturing Technology, 2018, 94 (5－8): 1655－1664.

[153] Li Z L, Zhu L M. Compensation of deformation errors in five-axis flank milling of thin-walled parts via tool path optimization [J]. Precision Engineering, 2019, 55: 77－87.

[154] Fussell B K, Jerard R B, Hemmett J G. Modeling of cutting geometry and forces for 5－axis sculptured surface machining [J]. Computer-Aided Design, 2003, 35 (4): 333－346.

[155] Ozturk E, Budak E. Modeling of 5－axis milling processes [J]. Machining Science and Technology, 2007, 11 (3): 287－311.

[156] Wang S B, Geng L, Zhang Y F, et al. Chatter-free cutter postures in five-axis machining [J]. Proceedings of the Institution of Mechanical Engineers, Part B: Journal of Engineering Manufacture, 2016, 230 (8): 1428－1439.

[157] Ozturk E, Tunc L T, Budak E. Investigation of lead and tilt angle effects in 5－axis ball-end milling processes [J]. International Journal of Machine Tools & Manufacture, 2009, 49 (14): 1053－1062.

[158] Ozturk E, Budak E. Dynamics and stability of five-axis ball-end milling [J]. Journal of Manufacturing Science and Engineering, 2010, 132 (2): 1－13.

[159] Geng L, Liu P L, Liu K. Optimization of cutter posture based on cutting force prediction for five-axis machining with ball-end cutters [J]. The International Journal of Advanced Manufacturing Technology, 2015, 78 (5－8): 1289－1303.

[160] Sun C, Altintas Y. Chatter free tool orientations in 5－axis ball-end milling [J]. International Journal of Machine Tools and Manufacture, 2016, 106: 89－97.

[161] Wang J R, Luo M, Xu K, et al. Generation of tool-life-prolonging and chatter-free efficient tool path for five-axis milling of freeform surfaces [J]. Journal of Manufacturing Science and Engineering, 2019, 141 (3): 1–13.

[162] Ozoegwu C G. High order vector numerical integration schemes applied in state space milling stability analysis [J]. Applied Mathematics and Computation, 2016, 273: 1025–1040.

[163] Lu Y A, Ding Y, Zhu L M. Dynamics and stability prediction of five-axis flat-end milling [J]. Journal of Manufacturing Science and Engineering, 2017, 139 (6): 1–11.

[164] Lakshmikantham V, Trigiante D. Theory of difference equations: numerical methods and applications [M]. London: Academic Press, 1988.

[165] Ahmadi K, Ismail F. Investigation of finite amplitude stability due to process damping in milling [J]. Procedia Cirp, 2012, 1 (1): 60–65.

[166] Gradisek J, Kalveram M, Insperger T, et al. On stability prediction for milling [J]. International Journal of Machine Tools & Manufacture, 2005, 45 (7–8): 769–781.

[167] Long X H, Balachandran B. Stability of up-milling and down-milling operations with variable spindle speed [J]. Journal of Vibration and Control, 2010, 16 (7–8): 1151–1168.

[168] Elbestawi M A, Ismail F, Du R, et al. Modelling machining dynamics including damping in the tool-workpiece interface [J]. Journal of Engineering for Industry, 1994, 116 (4): 435–439.

[169] Tunc L T, Budak E. Identification and modeling of process damping in milling [J]. Journal of Manufacturing Science and Engineering, 2013, 135 (2): 1–12.

[170] Budak E, Tunc L T. Identification and modeling of process damping in turning and milling using a new approach [J]. CIRP Annals-Manufacturing Technology, 2010, 59 (1): 403–408.

[171] Wan M, Zhang W H, Dang J W, et al. A unified stability prediction method for milling process with multiple delays [J]. International

Journal of Machine Tools & Manufacture，2010，50（1）：29－41.

[172] Zhu R X，Kapoor S G，Devor R E. Mechanistic modeling of the ball end milling process for multi-axis machining of free-form surfaces [J]. Journal of Manufacturing Science and Engineering，2001，123（3）：369－379.

[173] Yu G，Wang L P，Wu J. Prediction of chatter considering the effect of axial cutting depth on cutting force coefficients in end milling [J]. The International Journal of Advanced Manufacturing Technology，2018，96（9－12）：3345－3354.

[174] Hormann K，Agathos A. The point in polygon problem for arbitrary polygons [J]. Computational Geometry，2001，20（3）：131－144.

[175] Tang X W，Zhu Z R，Yan R，et al. Stability prediction based effect analysis of tool orientation on machining efficiency for five-axis bull-nose end milling [J]. Journal of Manufacturing Science and Engineering，2018，140（12）：1－16.

[176] Urbikain G，Campa F J，Zulaika J J，et al. Preventing chatter vibrations in heavy-duty turning operations in large horizontal lathes [J]. Journal of Sound & Vibration，2015，340：317－330.

[177] Ertürk A，Ozguven H N，Budak E. Analytical modeling of spindle-tool dynamics on machine tools using Timoshenko beam model and receptance coupling for the prediction of tool point FRF [J]. International Journal of Machine Tools & Manufacture，2006，46（15）：1901－1912.

[178] Liu Z F，Ma S M，Cai L G，et al. Timoshenko beam-based stability and natural frequency analysis for heavy load mechanical spindles [J]. Journal of Mechanical Science & Technology，2012，26（11）：3375－3388.

[179] Cao Y Z. Modeling of high-speed machine-tool spindle systems [D]. Canada：The University of British Columbia，2006.

[180] Harris T A. Rolling bearing analysis [M]. New York：John Wiley and Sons，2001.

[181] Brewe D E，Hamrock B J. Simplified solution for point contact

deformation between two elastic solids [J]. Asme J. lubr. technol, 1977, 99 (4): 485 - 487.

［182］Greenwood J A. Analysis of elliptical Hertzian contacts [J]. Tribology International, 1997, 30 (3): 235 - 237.

［183］袁慧群. 转子动力学基础 [M]. 北京: 冶金工业出版社, 2013.

［184］章琦. 主动电磁轴承飞轮储能系统陀螺效应抑制研究 [D]. 杭州: 浙江大学, 2012.

［185］车江涛. 介观尺度钛合金 TC4 材料本构建模与微结构加工研究 [D]. 北京: 北京理工大学, 2018.

［186］卢法, 余乃彪, 等. 三角转子发动机 [M]. 北京: 国防工业出版社, 1990.

［187］Ji Y J, Wang X B, Liu Z B, et al. An updated full-discretization milling stability prediction method based on the higher-order Hermite-Newton interpolation polynomial [J]. International Journal of Advanced Manufacturing Technology, 2018, 95 (5 - 8): 2227 - 2242.

［188］Ji Y J, Wang X B, Liu Z B, et al. Milling stability prediction with simultaneously considering the multiple factors coupling effects-regenerative effect, mode coupling, and process damping [J]. International Journal of Advanced Manufacturing Technology, 2018, 97 (5 - 8): 2509 - 2527.

［189］Ji Y J, Wang X B, Liu Z B, et al. Stability prediction of five-axis ball-end finishing milling by considering multiple interaction effects between the tool and workpiece [J]. Mechanical Systems and Signal Processing, 2019, 131: 261 - 287.

［190］Ji Y J, Wang X B, Liu Z B, et al. Five-axis flank milling stability prediction by considering the tool-workpiece interactions and speed effect [J]. International Journal of Advanced Manufacturing Technology, 2020, 108: 2037 - 2060.

［191］籍永建. 主轴系统 - 刀具 - 工件交互效应下的铣削稳定性分析与实验研究 [D]. 北京: 北京理工大学, 2019.

［192］籍永建, 王西彬, 刘志兵, 等. 包含刀具 - 工件多重交互与速度效应的铣削颤振稳定性分析 [J]. 振动与冲击, 2021, 40 (17): 14 - 24.

转移矩阵 $\boldsymbol{T}_{\text{M-to-F}}$ 与其逆矩阵 $[\boldsymbol{T}_{\text{M-to-F}}]^{-1}$ 的表达式:

$$\boldsymbol{T}_{\text{M-to-F}} = \begin{bmatrix} t_{11} & t_{12} & t_{13} \\ t_{21} & t_{22} & t_{23} \\ t_{31} & t_{32} & t_{33} \end{bmatrix}; \quad [\boldsymbol{T}_{\text{M-to-F}}]^{-1} = \begin{bmatrix} v_{11} & v_{12} & v_{13} \\ v_{21} & v_{22} & v_{23} \\ v_{31} & v_{32} & v_{33} \end{bmatrix}$$

其中

$$t_{11} = (\cos\alpha_F \cos\gamma_F \cos\theta_C + \sin\theta_C \sin\alpha_F)\cos\theta_B + \cos\alpha_F \sin\gamma_F \sin\theta_B$$

$$\text{（A1）}$$

$$t_{12} = -\cos\alpha_F \cos\gamma_F \sin\theta_C + \cos\theta_C \sin\alpha_F \tag{A2}$$

$$t_{13} = (\cos\alpha_F \cos\gamma_F \cos\theta_C + \sin\theta_C \sin\alpha_F)\sin\theta_B - \cos\alpha_F \sin\gamma_F \cos\theta_B$$

$$\text{（A3）}$$

$$t_{21} = (-\sin\alpha_F \cos\gamma_F \cos\theta_C + \sin\theta_C \cos\alpha_F)\cos\theta_B - \sin\alpha_F \sin\gamma_F \sin\theta_B$$

$$（A4）$$

$$t_{22} = \sin\alpha_F \cos\gamma_F \sin\theta_C + \cos\theta_C \cos\alpha_F \qquad （A5）$$

$$t_{23} = (-\sin\alpha_F \cos\gamma_F \cos\theta_C + \sin\theta_C \cos\alpha_F)\sin\theta_B + \sin\alpha_F \sin\gamma_F \cos\theta_B$$

$$（A6）$$

$$t_{31} = \cos\theta_C \cos\theta_B \sin\gamma_F - \sin\theta_B \cos\gamma_F \qquad （A7）$$

$$t_{32} = -\sin\gamma_F \sin\theta_C \qquad （A8）$$

$$t_{33} = \cos\theta_C \sin\theta_B \sin\gamma_F + \cos\theta_B \cos\gamma_F \qquad （A9）$$

$$v_{11} = (\cos\alpha_F \cos\gamma_F \cos\theta_C + \sin\theta_C \sin\alpha_F)\cos\theta_B + \cos\alpha_F \sin\gamma_F \sin\theta_B$$

$$（A10）$$

$$v_{12} = (\sin\theta_C \cos\alpha_F - \sin\alpha_F \cos\gamma_F \cos\theta_C)\cos\theta_B - \sin\gamma_F \sin\alpha_F \sin\theta_B$$

$$（A11）$$

$$v_{13} = -\cos\gamma_F \sin\theta_B + \cos\theta_C \cos\theta_B \sin\gamma_F \qquad （A12）$$

$$v_{21} = \sin\alpha_F \cos\theta_C - \cos\alpha_F \cos\gamma_F \sin\theta_C \qquad （A13）$$

$$v_{22} = \cos\alpha_F \cos\theta_C + \sin\alpha_F \cos\gamma_F \sin\theta_C \qquad （A14）$$

$$v_{23} = -\sin\theta_C \sin\gamma_F \qquad （A15）$$

$$v_{31} = (\sin\theta_C \sin\alpha_F + \cos\alpha_F \cos\gamma_F \cos\theta_C)\sin\theta_B - \cos\alpha_F \sin\gamma_F \cos\theta_B$$

$$（A16）$$

$$v_{32} = (\sin\theta_C \cos\alpha_F - \sin\alpha_F \cos\gamma_F \cos\theta_C)\sin\theta_B + \sin\alpha_F \sin\gamma_F \cos\theta_B$$

$$（A17）$$

$$v_{33} = \cos\gamma_F \cos\theta_B + \cos\theta_C \sin\theta_B \sin\gamma_F \qquad （A18）$$

式（5.7）中 a_{11}、a_{12}、a_{13}、a_{21}、a_{22}，a_{23}、a_{31}、a_{32}、a_{33}、b_{11}、b_{12}、b_{13}、b_{21}、b_{22}、b_{23}、b_{31}、b_{32}、b_{33} 的表达式：

$$a_{11} = (\cos\theta_B \sin\alpha_F \sin\theta_C + \cos\alpha_F \sin\theta_B \sin\gamma_F + \cos\alpha_F \cos\theta_B \cos\gamma_F \cos\theta_C)\cos\gamma_1 +$$
$$\cos\alpha_t \sin\gamma_1 (\cos\gamma_F \sin\theta_B - \cos\theta_C \cos\theta_B \sin\gamma_F) -$$
$$\sin\alpha_t \sin\gamma_1 (\sin\alpha_F \sin\theta_B \sin\gamma_F - \cos\alpha_F \cos\theta_B \sin\theta_C + \cos\theta_B \cos\theta_C \sin\alpha_F \cos\gamma_F)$$

$$（B1）$$

$$a_{12} = -\sin\alpha_t (\sin\theta_B \cos\gamma_F - \cos\theta_B \cos\theta_C \sin\gamma_F) -$$
$$\cos\alpha_t (\sin\alpha_F \sin\theta_B \sin\gamma_F - \cos\alpha_F \cos\theta_B \sin\theta_C + \cos\theta_C \cos\theta_B \sin\alpha_F \sin\gamma_F)$$

$$（B2）$$

$$a_{13} = \sin\gamma_1(\cos\theta_B\sin\alpha_F\sin\theta_C + \cos\alpha_F\sin\theta_B\sin\gamma_F + \cos\alpha_F\cos\theta_B\cos\theta_C\cos\gamma_F) -$$
$$\cos\alpha_t\cos\gamma_1(\sin\theta_B\cos\gamma_F - \cos\theta_B\cos\theta_C\sin\gamma_F) +$$
$$\sin\alpha_t\cos\gamma_1(\sin\alpha_F\sin\theta_B\sin\gamma_F - \cos\alpha_F\cos\theta_B\sin\theta_C + \cos\theta_B\cos\theta_C\sin\alpha_F\sin\gamma_F)$$
$$(\text{B3})$$

$$a_{21} = (\cos\theta_C\sin\alpha_F - \cos\alpha_F\cos\gamma_F\sin\theta_C)\cos\gamma_1 +$$
$$\sin\alpha_t\sin\gamma_1(\cos\alpha_F\cos\theta_C + \sin\alpha_F\cos\gamma_F\sin\theta_C) + \cos\alpha_t\sin\theta_C\sin\gamma_F\sin\gamma_1$$
$$(\text{B4})$$

$$a_{22} = (\cos\alpha_F\cos\theta_C + \sin\alpha_F\cos\gamma_F\sin\theta_C)\cos\alpha_t - \sin\alpha_t\sin\theta_C\sin\gamma_F$$
$$(\text{B5})$$

$$a_{23} = (\sin\alpha_F\cos\theta_C - \cos\alpha_F\cos\gamma_F\sin\theta_C)\sin\gamma_1 -$$
$$\sin\alpha_t\cos\gamma_1(\cos\alpha_F\cos\theta_C + \sin\alpha_F\cos\gamma_F\sin\theta_C) -$$
$$\cos\alpha_t\cos\gamma_1\sin\theta_C\sin\gamma_F$$
$$(\text{B6})$$

$$a_{31} = (\sin\alpha_F\sin\theta_B\sin\theta_C - \cos\alpha_F\cos\theta_B\sin\gamma_F + \cos\alpha_F\cos\theta_C\sin\theta_B\cos\gamma_F)\cos\gamma_1 -$$
$$\cos\alpha_t\sin\gamma_1(\cos\theta_B\cos\gamma_F + \cos\theta_C\sin\theta_B\sin\gamma_F) +$$
$$\sin\alpha_t\sin\gamma_1(\cos\alpha_F\sin\theta_B\sin\theta_C + \cos\theta_B\sin\alpha_F\sin\gamma_F - \cos\theta_C\sin\alpha_F\sin\theta_B\cos\gamma_F)$$
$$(\text{B7})$$

$$a_{32} = \sin\alpha_t(\cos\theta_B\cos\gamma_F + \cos\theta_C\sin\theta_B\sin\gamma_F) +$$
$$\cos\alpha_t(\cos\alpha_F\sin\theta_B\sin\theta_C + \cos\theta_B\sin\alpha_F\sin\gamma_F - \cos\theta_C\sin\alpha_F\sin\theta_B\cos\gamma_F)$$
$$(\text{B8})$$

$$a_{33} = \sin\gamma_1(\sin\alpha_F\sin\theta_B\sin\theta_C - \cos\alpha_F\cos\theta_B\sin\gamma_F + \cos\alpha_F\cos\theta_C\sin\theta_B\cos\gamma_F) +$$
$$\cos\alpha_t\cos\gamma_1(\cos\theta_B\cos\gamma_F + \cos\theta_C\sin\theta_B\sin\gamma_F) -$$
$$\sin\alpha_t\cos\gamma_1(\cos\alpha_F\sin\theta_B\sin\theta_C + \cos\theta_B\sin\alpha_F\sin\gamma_F - \cos\theta_C\sin\alpha_F\sin\theta_B\cos\gamma_F)$$
$$(\text{B9})$$

$$b_{11} = \cos\theta_B\sin\alpha_F\cos\gamma_1\sin\theta_C + \cos\alpha_F\sin\theta_B\cos\gamma_1\sin\gamma_F + \cos\alpha_t\sin\theta_B\cos\gamma_F\sin\gamma_1 +$$
$$\cos\alpha_F\cos\theta_B\cos\theta_C\cos\gamma_F\cos\gamma_1 + \cos\alpha_F\cos\theta_B\sin\alpha_t\sin\theta_C\sin\gamma_1 -$$
$$\cos\alpha_t\cos\theta_B\cos\theta_C\sin\gamma_F\sin\gamma_1 - \sin\alpha_F\sin\alpha_t\sin\theta_B\sin\gamma_F\sin\gamma_1 -$$
$$\cos\theta_B\cos\theta_C\sin\alpha_F\sin\alpha_t\cos\gamma_F\sin\gamma_1$$
$$(\text{B10})$$

$$b_{12} = \cos\theta_C \sin\alpha_F \cos\gamma_1 + \cos\alpha_F \cos\theta_C \sin\alpha_t \sin\gamma_1 - \cos\alpha_F \cos\gamma_F \cos\gamma_1 \sin\theta_C +$$
$$\cos\alpha_t \sin\theta_C \sin\gamma_F \sin\gamma_1 + \sin\alpha_F \sin\alpha_t \cos\gamma_F \sin\theta_C \sin\gamma_1$$

$$(B11)$$

$$b_{13} = \sin\alpha_F \sin\theta_B \cos\gamma_1 \sin\theta_C - \cos\alpha_t \cos\theta_B \cos\gamma_F \sin\gamma_1 - \cos\alpha_F \cos\theta_B \cos\gamma_1 \sin\gamma_F +$$
$$\cos\alpha_F \cos\theta_C \sin\theta_B \cos\gamma_F \cos\gamma_1 + \cos\alpha_F \sin\alpha_t \sin\theta_B \sin\theta_C \sin\gamma_1 -$$
$$\cos\alpha_t \cos\theta_C \sin\theta_B \sin\gamma_F \sin\gamma_1 + \cos\theta_B \sin\alpha_F \sin\alpha_t \sin\gamma_F \sin\gamma_1 -$$
$$\cos\theta_C \sin\alpha_F \sin\alpha_t \sin\theta_B \cos\gamma_F \sin\gamma_1$$

$$(B12)$$

$$b_{21} = \cos\alpha_F \cos\alpha_t \cos\theta_B \sin\theta_C - \sin\alpha_t \sin\theta_B \cos\gamma_F +$$
$$\cos\theta_B \cos\theta_C \sin\alpha_t \sin\gamma_F - \cos\alpha_t \sin\alpha_F \sin\theta_B \sin\gamma_F - \quad (B13)$$
$$\cos\alpha_t \cos\theta_B \cos\theta_C \sin\alpha_F \cos\gamma_F$$

$$b_{22} = \cos\alpha_F \cos\alpha_t \cos\theta_C - \sin\alpha_t \sin\theta_C \sin\gamma_F + \cos\alpha_t \sin\alpha_F \cos\gamma_F \sin\theta_C$$

$$(B14)$$

$$b_{23} = \cos\theta_B \sin\alpha_t \cos\gamma_F + \cos\alpha_F \cos\alpha_t \sin\theta_B \sin\theta_C + \cos\alpha_t \cos\theta_B \sin\alpha_F \sin\gamma_F +$$
$$\cos\theta_C \sin\alpha_t \sin\theta_B \sin\gamma_F - \cos\alpha_t \cos\theta_C \sin\alpha_F \sin\theta_B \cos\gamma_F$$

$$(B15)$$

$$b_{31} = \cos\theta_B \sin\alpha_F \sin\theta_C \sin\gamma_1 - \cos\alpha_t \sin\theta_B \cos\gamma_F \cos\gamma_1 + \cos\alpha_F \sin\theta_B \sin\gamma_F \sin\gamma_1 -$$
$$\cos\alpha_F \cos\theta_B \sin\alpha_t \cos\gamma_1 \sin\theta_C + \cos\alpha_F \cos\theta_B \cos\theta_C \cos\gamma_F \sin\gamma_1 +$$
$$\cos\alpha_t \cos\theta_B \cos\theta_C \cos\gamma_1 \sin\gamma_F + \sin\alpha_F \sin\alpha_t \sin\theta_B \cos\gamma_1 \sin\gamma_F +$$
$$\cos\theta_B \cos\theta_C \sin\alpha_F \sin\alpha_t \cos\gamma_F \cos\gamma_1$$

$$(B16)$$

$$b_{32} = \cos\theta_C \sin\alpha_F \sin\gamma_1 - \cos\alpha_F \cos\theta_C \sin\alpha_t \cos\gamma_1 - \cos\alpha_F \cos\gamma_F \sin\theta_C \sin\gamma_1 -$$
$$\cos\alpha_t \cos\gamma_1 \sin\theta_C \sin\gamma_F - \sin\alpha_F \sin\alpha_t \cos\gamma_F \cos\gamma_1 \sin\theta_C$$

$$(B17)$$

$$b_{33} = \cos\alpha_t \cos\theta_B \cos\gamma_F \cos\gamma_1 - \cos\alpha_F \cos\theta_B \sin\gamma_F \sin\gamma_1 + \sin\alpha_F \sin\theta_B \sin\theta_C \sin\gamma_1 -$$
$$\cos\alpha_F \sin\alpha_t \sin\theta_B \cos\gamma_1 \sin\theta_C + \cos\alpha_F \cos\theta_C \sin\theta_B \cos\gamma_F \sin\gamma_1 +$$
$$\cos\alpha_t \cos\theta_C \sin\theta_B \cos\gamma_1 \sin\gamma_F - \cos\theta_B \sin\alpha_F \sin\alpha_t \cos\gamma_1 \sin\gamma_F +$$
$$\cos\theta_C \sin\alpha_F \sin\alpha_t \sin\theta_B \cos\gamma_F \cos\gamma_1$$

$$(B18)$$